学术调查概论

侯兴宇/著

中国科学技术大学出版社

内 容 简 介

本书结合工作实践和相关案例，对《科研诚信案件调查处理规则（试行）》各重要环节进行了详细解读，提出了实施学术调查的若干概念、原则和程序，并对学术调查过程的标准化、规范化进行了有益的探讨。本书对于机构和高校开展学术监督工作具有相当高的参考价值，既可以作为学习学术监督史的参考书，也可以作为学术监督工作者开展学术调查的工具书，是一本兼具学术性和通俗性的学术监督力作。

图书在版编目(CIP)数据

学术调查概论/侯兴宇著. —合肥：中国科学技术大学出版社，2021.2
ISBN 978-7-312-05142-5

Ⅰ.学…　Ⅱ.侯…　Ⅲ.科学研究工作—调查方法　Ⅳ.G312

中国版本图书馆 CIP 数据核字(2021)第 017902 号

学术调查概论
XUESHU DIAOCHA GAILUN

出版　中国科学技术大学出版社
安徽省合肥市金寨路 96 号，230026
http://press.ustc.edu.cn
http://zgkxjsdxcbs.tmall.com
印刷　安徽国文彩印有限公司
发行　中国科学技术大学出版社
经销　全国新华书店
开本　710 mm×1000 mm　1/16
印张　10.25
字数　193 千
版次　2021 年 2 月第 1 版
印次　2021 年 2 月第 1 次印刷
定价　32.00 元

前　言

这并非一本平常意义上的学术著作。

笔者于20年前从北京大学硕士毕业离开校园后，就一直工作于中科院的院所两级管理机构，从事一般性事务工作。已过不惑之年却偶然进入科研诚信领域，遂感受到这一领域强大的气场而不能自持。上自学界泰斗，下至莘莘学子，无不感念在兹，也受困于斯，笔者本人亦无法置身事外。

发愿写一本国内学术监督实操的小册子，源于一次不知天高地厚的冲动。2019年5月，中国知网于合肥召开研讨会，笔者不揣浅陋在演讲中陈述“学术监督的范式”，引起部分学者关注。拙文《把握机遇迎接学术监督的“范式”革命》在是年7月的《中国科学报》头版评论《科观中国》栏目发表，又得到分管院领导的口头表扬。于是准备结合平时所学、所做、所思，梳理学术监督中有关调查的知识，写一本供学术调查同仁参考的小册子，以作为今后研究的参考。

唯该范式所言之调查行为乃是学术监督中的必经环节，有不经调查绝无发言权之原则。而如何调查，却往往是第一责任单位手中的独门秘籍，外人不能窥而得之。盖自有学术不端行为以来，调查的手段也都是学术团体秘而不宣的利器。环顾当今国内同仁，有熟知各国规范而致洋洋大观者，有笃信行政调查可无往不利者，有比照科研项目开展课题研究者，有时刻总结新的不端现象而写就论文者。林林总总，不一而足。但对于如何规范国内学术调查行为，却总觉缺乏可靠、实用的指导手册。在舆论场上，则形成国内和国际、政府和机构、学者和学界、现实与网络四套话语体系，密切交织、相互影响。

随着2019年9月25日科技部等20家部委出台《科研诚信案件调查处理规则(试行)》，各级责任主体迫切需要一本指导性的手册，解读规则、提供参考。鉴于国内尚无此类操作层面的指导手册，是以本书即为所有进行学术调查的同仁提供参考，或作为学术调查工作的指南。书中所述，均来源于笔者平时阅读的各种材料、经历的调查过程、研究的不端案例、参加的学术研讨，经验陈述居多。

为保证阅读的通畅和参考的便利，本书尽可能减少学究痕迹，尽量追求通俗易懂，所有引述材料尽可能先行理解消化，同时循例提供来源供作参考，亦难免存在因经验有限、提炼不深、不合惯例而致贻笑大方之处。

笔者作为中国科学院监审局从事科研诚信管理的高级业务主管，同时攻读中国科学院大学经济与管理学院管理科学与工程方向在职博士研究生，2020年起成为中国科学学与科技政策研究会的会员。工作学习之余写写微信公众号文章，是“科研诚信”微信公众号的账号所有者和唯一撰稿人，自愿用心做一些有关科研诚信的、力所能及的普及宣传和教育推广工作。在《中国科学报》的《科观中国》栏目发表过一组与科研诚信主题相关的评论。而在科学网的博客未能坚持更新，仅徒有虚名而已。

在占有资料方面，在参考学界同仁观点的同时，尽量选用最新研究资料，兼顾历史文献；对案例的选用，尽可能依据论证需要且隐去机构名称；在引用文献时，尽可能寻得原文，特别是引用国外治理机构的规定和观点时更是如此。因为有感而发而概括能力有限，为读者参考资料方便，尽量将所引资料的全貌呈现给读者，所以对正文和注释花费了同等的精力，恳请读者在阅读时给予同样的关注。

本书得到了中国知网的赞助支持，在此表示感谢。

目　　录

绪论　迎接学术监督的范式革命

在中共中央办公厅(以下简称“中办”)和国务院办公厅(以下简称“国办”)印发《关于进一步加强科研诚信建设的若干意见》一周年之后，笔者于2019年7月在《中国科学报》发表了一则评论，题为《把握机遇迎接学术监督的“范式”革命》，探讨了学术监督经历的四个阶段，并提出当下应完善“政府主导、学界共识、机构主责、个体自律”的学术监督范式的观点[①]。

“范式”(Paradigm)是由美国科学史家托马斯·库恩(Thomas Samuel Kuhn)在其《科学革命的结构》(1962)中提出的核心概念，主要有两层含义：其一为“一个公认的模型或模式”，即一个共同体成员所共享的信仰、价值、技术等的集合；其二为“各种形式的例外，是造成范式转移的重要起因”。托马斯·库恩指出，范式的转移则通常意味着科学革命的发生[②]。

笔者所用的学术监督范式(Paradigm of Academic Supervision)也是从这两点出发的。应该说，提出学术监督也有范式的观点绝非巧合。主要依据以下两点：

一是科学研究是要遵循相应范式的。当前，无数学者也在论述自然科学的许多领域面临新的变革或者革命，新的研究范式的变革已经悄然开始。

二是学术监督虽是一种管理行为，但毫无疑问，也有其自身的某种“套路”。这个套路从当年牛顿先生和莱布尼茨先生争论谁是微积分(流数)的发明者时就开始了。很显然，技高一筹的牛顿先生充分利用了自身为英国皇家学会会长

---

① 侯兴宇. 把握机遇迎接学术监督的“范式”革命[N]. 中国科学报，2019-07-02(1).

② 百度百科. “范式”[EB/OL]. (2019-07-29)[2019-09-09]. https://baike.baidu.com/item/范式/22773? fr=aladdin.

的地位优势，狠狠地“套路”了一把莱布尼茨先生。[①] “套路”的结果学术界人尽皆知，而该案例也作为有史以来的著名知识产权纷争案例，带给从事学术监督史研究的后来者们无尽的思考。

在笔者看来，这一发生在17世纪的著名案例，浓缩了学术监督的各种要素，充分显示了学者自身的自律行为对科研诚信的莫大影响。在这一时期，学者自律是学术监督的主流。上述案例中，处于优势学术地位的“大牛”（此处为牛顿先生）抢占了一定的话语权和先机。

这一情况一直持续到19世纪末。例外发生了，在人造金刚石的发现中，籍籍无名的英国小伙儿霍尼（Hannay）因其过于年轻而失去了一次学术造假“成名”的机会。因发现“电炉”而闻名的法国科学家莫瓦桑（Henri Moissan）则幸运地承担了这项“历史荣誉”[②]。

中科院物理所从事物理教学和科普工作的“网红”——曹则贤老师，在讲述这个例子的时候，提醒大家牢记，无名之辈的年轻人即使造假，也不会有人关注；大科学家的造假才是引人注目的大事。但他的本意是，年轻的时候千万不要抱着侥幸心理去搞什么科研不端，万一今后成名了呢？[③] 凡听到此桥段的学子无不会心一笑。

笔者也从这则案例里，看到了另外一种趋势。莫瓦桑在领取1906年诺贝尔化学奖（当年成功击败了俄国著名科学家门捷列夫先生）时的发言，引发了学者们的议论。这表明，一个任由学术“大牛”发现和左右真理的时代走向了穷途。

不过，新的范式的作用在这时候还没有完全发挥出来，下一个时间节点是1936年。这一年，移居美国第四个年头的德国年轻物理学家爱因斯坦向《物理评论》杂志投递了一篇关于“引力波不存在”的论文。杂志编辑不知道该如何处理，遂将稿件发给普林斯顿大学的某教授（审稿人）审议，并将审议结果告诉了

---

① 汪有. 知乎问题“如何客观评价牛顿和莱布尼茨之间的争论?”[EB/OL].（2017-02-22）[2019-09-09]. https://www.zhihu.com/question/56009060/answer/147908191.

② 萧春波. 世界科技全景之科学史上的诈骗事件：人造金刚石的前奏曲[EB/OL].（2017-12-23）[2019-09-09]. https://ishare.iask.sina.com.cn/f/iz6FPJMYRJ.html.

③ 曹则贤. 花样翻新的学术不端(2013)[Z]. 中科院科研诚信专题培训第一期，2018.

爱因斯坦[①]。

这下可把爱因斯坦惹火了。他来美国之前，在德国那可是说一不二的大家，试问又有谁能听懂他的理论？全世界也数不出来几个。所以他认为编辑部的做法大错特错，马上起草了一封给编辑部的信，声明"我们(罗森先生和我)曾提交给你们一篇手稿用于发表，而没有授权你付印之前交给任何专家过目。我看不到这样做的必要，去征求——总之是错误的——你们的匿名专家的意见"，更狠的是下一句，"基于此，我宁愿把论文发表在其他地方"。[②] 从此，爱因斯坦再也没有在《物理评论》上发表过论文。

这一事件折射出了现代科学研究中另一个不可或缺的角色——"同行评议"。在学术监督领域，我们将这种由同行经评议达成一致意见的情况称为"学界共识"。而这种学界的共识，正是学术监督中的另一种范式。必须要指出的是，旧有的学者自律并没有退出舞台，而是作为新范式的基础，隐含在前提中了。当然，学界共识直到现在仍在发挥着积极而重要的作用，只是表现形式更加多元罢了。

20 世纪八九十年代，在美国科研诚信治理中发生了一件大事，影响了学术监督范式四平八稳的走向。1981 年，美国国会众议院科学技术委员会组织关于科研诚信的专题听证会，这使诚信治理首次成为一项公众事务[③]。紧接着，在 1986 年，美国政府发现，仅仅靠学术机构调查处理科研不端行为太不靠谱，政府有必要和有责任成立专门的部门来监管科研诚信工作。于是美国国立卫生研究院(NIH)和美国政府人类健康和服务部(HHS)等分别成立了相应的管理机构。这些机构中，尤以 1992 年成立的 ORI(即科研诚信办公室，由科学诚信办公室 OSI 和科学诚信评议办公室 OSRI 合并而成[④])的工作最有成效，并逐步树立了其在全球学界中的威信。

---

① 爱因斯坦被《物理评论》拒稿的尘封往事[EB/OL].(2016-04-03)[2019-09-09]. https://www.sohu.com/a/67448427_113785.

② 黄艳华. 爱因斯坦与《物理评论》的一段轶事[J]. 现代物理知识，2010，22(4)：60-61.

③ 原文为：Research misconduct became a public issue in the United States in 1981 when then Representative Albert Gore, Jr., chairman of the Investigations and Oversight Subcommittee of the House Science and Technology Committee, held the first hearing on the emerging problem. Historical Background[OL]. [2019-09-09]. https://ori.hhs.gov/historical-background.

④ 黄军英. 国外遏制学术不端行为的做法及对我国的启示[J]. 科学对社会的影响，2006(4)：6.

这是学术监督史上又一次“例外”。由上述例外可以推知，在1992年以前，美国对学术不端行为的调查，主要由各机构或大学进行①。然而在无数学术不端案例的调查中，人们常常发现，机构对学术调查的积极性远没有想象中的高。甚至有的时候，如果没有外力强势介入，一项看似简单的学术不端案例的调查也会拖入旷日持久的僵局中。但是，在上述专门处理科研不端案例的政府机构成立后，这种由机构主导的学术监督局面也就发生了转向，进入了一个新的阶段。

在国内，前述这个由机构主导学术监督的阶段大致发生在2007～2017年，共十年左右的时间。应该承认，这一时期国内也发现并处理了一些不端案例，在一定程度上起到了防范科研不端现象蔓延的作用。但从另一些著名的不端案例迟迟得不到处理的情况看，过于强调以机构为主来处理那些造成严重社会影响的学术不端事件的监督模式，已呈现出某种无法自洽的失灵状态。于是在2017年，当“107篇论文撤稿事件”②发生时，这一饱受诟病的学术监督模式立刻处于无可挽回的风雨飘摇的境地。随之改变的，恰恰是在这一系列事件中暴露出弱点的学界共识。这一时期的学界共识，被伪造的“同行评议”给利用了。应当承认，这不是涉事者的失败，而是学术监督规则的失败。

好在国家有关部门迅速扭转了被动局面③。以处置“107篇论文撤稿事件”为契机，中国科协发声约谈相关国外出版期刊集团，科研诚信建设联席会议成员单位发起联动调查，在处理2018年基因编辑婴儿事件中，卫生健康委也及时介入，多个重量级学术团体相继就科研伦理发声表明立场，惩戒学术不端、加强科研伦理等内容也首次进入2019年的中国政府工作报告……

---

① 原文为：Before 1986, reports of research misconduct were received by funding institutes within PHS agencies. Historical Background[EB/OL]. [2019-09-09]. https://ori.hhs.gov/historical-background.

② 指2017年4月21日，施普林格自然出版集团（Springer Nature）旗下《肿瘤生物学》（《Tumor Biology》）期刊撤下所刊登的107篇论文所引发的国内舆情事件。该事件中，107篇论文全部为中国作者所作，撤稿原因是论文作者编造审稿人和同行评审意见。在科研诚信建设联席会议的协调下，事件得以解决。《肿瘤生物学》后被施普林格自然出版集团从SCI期刊中剔除。科学网为此出了一期专题，讨论论文作者、“第三方”中介、出版集团、医疗评价体系的责任。（107篇论文撤稿事件……[EB/OL]. [2019-09-09]. http://news.sciencenet.cn/news/sub26.aspx? id=2959.）

③ 科技部.学术期刊集中撤稿事件调查处理情况新闻通气会在京召开[EB/OL].（2017-07-27）[2019-11-09]. http://www.most.gov.cn/kjbgz/201707/t20170727_134289.htm.

在一系列的动作中，以 2018 年 5 月 30 日中办和国办印发的《关于进一步加强科研诚信建设的若干意见》最为引人注目。这一份看似普通的行政规范性文件，实则是一种基于顶层设计的负责处理未来一段时间学术诚信治理问题的崭新规则。这种新的与国际几乎同步的国内学术治理模式横空出世，展示在国人面前。与之相适应，旧的以机构为主导的学术监督范式也正努力向新的范式跃迁。

这就是学术监督的第四种范式，也就是进入了“政府主导、学界共识、机构主责、个体自律”的新阶段。当然，新的范式所透露的信息中，最显著的特征是，国家将科研诚信提升为国家信誉，主动出手规范学术治理，并将其纳入整体社会信用治理的体系之下。

所以，从某种角度说，我们也可以将 2017 年看作真正意义上开创国内科研诚信治理的“元年”。对“107 篇论文撤稿事件”的处理，吸引了包括《科学》《自然》等知名学术刊物和全世界从事科研诚信研究的学者们关注的目光。在 2019 年 6 月于香港召开的第六届世界科研诚信大会①上，中国科技部派出了新成立的科技监督与诚信建设司主要领导与会，在大会开幕式上介绍了中国政府对“107 篇论文撤稿事件”处理的始末②。至此，国内学术监督新范式的面纱在国际同行面前缓缓揭开。

客观来说，上述国内学术监督的新范式和美国在 20 世纪 90 年代以政府力量规范学术监督的模式并无本质上的不同，因而国内对诚信治理的认知转变的时间差距在 20 年到 30 年③。对于一个长期遭受国际封锁后实施改革开放、开展国际合作交流仅仅 40 余年的大国，这一差距也是符合现况、可以理解的，能

---

① 世界科研诚信大会（World Congress of Research Integrity）旨在促进科研人员、教学人员、教育科研机构、科研资助机构、政府相关管理部门、科学出版相关编辑和审稿人等相关各方交流与经验分享，建立协同推进负责任的研究性国际沟通平台。2019 年 6 月 2～5 日，第六届世界科研诚信大会在中国香港召开，来自全球近 60 个国家和地区的 800 余位代表出席了会议。（宋艳双，郑玉荣，吉萍，等. 科研诚信的新挑战：第六届世界科研诚信大会综述[J]. 中国医学伦理学，2019，32(11)：1502.）

② DAI G Q. Concerted Efforts for Coping with New Challenges for Research Integrity[R/OL]. (2019-06-02)[2019-11-09]. https://wcrif.org/programme/programme.

③ 指美国从 1981 年国会就科研诚信开展听证，到 1992 年成立 ORI 组织，即由国家出面监管科研诚信工作，中间经历了十余年的转型期；国内则指从 2007 年开始普遍推动科研诚信建设（中科院学部科学道德建设委员会更可追溯到 1996 年），到 2017 年“107 篇论文撤稿事件”发生，也大致对应相同的时间脉络。

够做出这种转变也是值得赞赏和肯定的。而且,这种转变从 2018 年以后越来越明显,且渐成加速之势,更让从事学术监督的国内同仁保有足够的信心。

时至今日,这套新的学术监督方法和体系——姑且称之为学术监督的新范式——愈来愈受到国内同行的认可和欢迎,进而为在国内学术界重塑学术监督的权威奠定了坚实的基础。

于是,在这个语境下,原本隐藏在事件背后的略显神秘的学术调查[①]工作浮现在国人眼前。它是什么?如何开始?是怎样进行的?今后又如何发展?这也正是本书所希望探讨的主要内容。

应当承认,尽管笔者参与了一些重要制度的起草(主要是提意见),亲历了多个科研诚信案件的调查(包括 2019 年底轰动一时的"网传举报人"案),到下属机构开展过多次诚信宣讲(在 2019 年全年受众达到 2000 人次),积累了一点点微不足道的经验("科研诚信"公众号有两篇小文章收获了近万点击数),但受个人学识、立场和占有资料所限,书中所探讨的观点和论据尚有待完善改进,仅为一家之言,不免有许多论述不严谨、观点不尽如人意的地方。

尽管笔者及上述观点也曾得到一些专家学者多半是过誉的肯定,但作为刚入行的新人,相关观点和见解可能未必能得到科研诚信学界前辈和大多数同仁的赞同。唯希望能借此机会抛砖引玉,开展有益的学术讨论,以便共同推进学术监督的工作实务,进而能达到重塑学术监督权威的普遍共识。

"那是信仰笃诚的年代,那是疑云重重的年代"[②],如能为上述目的尽一点绵薄之力,出版一本见解粗浅的探讨学术调查方面工作的小册子,也算是人到中年做了一件稍微正经一点的事吧!

---

① 本书所指学术调查,指学术界为维护学术诚信而由学术机构、高校和企业组织实施的一系列相关调查。按照《科研诚信案件调查处理规则(试行)》的规定,该调查分行政调查和学术评议两个部分;可查证 7 类学术不端行为,可采取 10 项相关惩治措施,并可在科研诚信建设联系会议机制内实施联合惩戒。

② 狄更斯.双城记[M].张玲,张扬,译.北京:中国友谊出版公司,2015:3.

第一章　学术调查概要历史和现状

第一节　国内外学术调查的兴起

一、关于学术诚信的现状和应对治理，学术界观点并不统一

2019年10月闭幕的十九届四中全会，着重研究讨论了坚持和完善中国特色社会主义制度、推进国家治理体系和治理能力现代化的若干重大问题，提出了推进国家治理体系和治理能力现代化的重要论述①。该论述虽未直接提及学术领域的治理体系和治理能力建设，但在“坚持和完善社会主义基本经济制度，推动经济高质量发展”部分，提出“完善科技创新体制机制”“弘扬科学精神和工匠精神”“完善科技人才发现、培养、激励机制，健全符合科研规律的科技管理体制和政策体系，改进科技评价体系，健全科技伦理治理体制”的具体要求。这为我国当前和今后一段时间学术诚信治理提供了明确的指导方向，而学术监督成为国家监督体系的重要一环也指日可待。

在国内关于学术诚信治理的代表性观点中，曾任浙江大学校长、自然科学基金会主任的杨卫院士的观点无疑是独特的。他提出的国内机构、高校针对科

---

① 中共中央关于坚持和完善中国特色社会主义制度　推进国家治理体系和治理能力现代化若干重大问题的决定[A/OL].(2019-11-05)[2019-11-09]. http://www.xinhuanet.com/politics/2019-11/05/c_1125195786.htm.

研不端行为的“六大战役”说，概括了国内开展学术监督的历程。具体而言，这“六大战役”是始于2000年的学术不端举报制度，2005年确立的不允许一稿多投原则，2007年开始的论文查重检测，2011年开始的科学道德和学风宣讲，2015年实施的发表论文“五不准”，2017年开始实施的对撤稿论文的联合调查与惩戒。杨卫由此得出国内“诚信好转，伦理堪忧”的观点①。

与此观点相左，清华大学高等研究院朱邦芬院士指出，当前国内科研诚信现状不容乐观，存在“两个史无前例”。具体而言，这两个史无前例是科研诚信问题涉及面之广和严重程度史无前例，社会对科研诚信问题的关注史无前例。第一个史无前例反映的是社会的急功近利，数量化评价标准渗入当前的考试分数、学位、论文、项目经费、各种人才评价体系中。第二个史无前例反映的是在互联网时代，国家对科技投入大幅增加，社会对此的关注度也随之增加。朱邦芬特别指出，尽管国内机构制定了各种条例、细则和规范，然而专门处理学术不端行为的机构却很少，很多案件没有认真调查就推给下属单位处理，导致大事化小、小事化了②。

两位院士的观点代表了当前国内对学术诚信现状的两种典型意见。如果我们将杨卫院士代表的观点称为建制派观点的话，则朱邦芬院士的观点无疑是批判派的观点。两种观点产生的缘由，源于两位学者不同的社会经历和观察视角。从笔者的角度看，这两种观点都有可取之处，都尝试对我国科研诚信治理提出解决方案。这对推进国内学术调查工作的正规化、制度化、规范化均具有良好的促进作用。

古语有云：“物极必反。”国内真实的学术诚信治理现状，更恰当的评价应是学术失信的局势正从大规模“史无前例”中走出来，逐渐向“有序治理”的目标迈进，而这正是得益于本书所论述的学术调查工作的兴起。对于一个从事科学研究活动的机构、高校或企业，既不能笼统地判定外部形势一片大好，更不能对身边屡屡出现的有问题的研究视而不见，而是要在执行学术调查时始终做到实事求是和具体问题具体分析，方能准确评价本机构的学术诚信状况。

---

① 杨卫. 中国科研：诚信好转　伦理堪忧[N/OL]. 科学日报，2019-05-10[2019-11-09]. http://zj.people.com.cn/GB/n2/2019/0510/c186327-32926725.html.

② 朱邦芬. 遏制学术不端，从认真查处重大案例开始[EB/OL].(2018-11-10)[2019-11-09]. http://news.sciencenet.cn/htmlnews/2018/11/419781.shtm?id=419781.

正所谓韬光养晦,厚积薄发。国内的学术调查虽起步较晚,受限较多,在应对科研不端行为(又称“学术不端行为”)时总体处于守势,但也并非毫无进展,或可以看作在积蓄力量,形成诸方合力,而终必成星火燎原之势。这其中,有几处明显的变化值得特别关注。

一是2017年“107篇论文撤稿事件”之后,形成了全国上下齐心协力共同关注科研诚信工作的热潮,达到了言必称“科研诚信”的地步。各类论坛设立起来,各类学者涌现出来,各种著述丰富起来。一时间“Research Integrity”(科研诚信)成了“显学”。除了自然科学领域的科研诚信建设联席会议,社会科学领域也有了联席会议。

二是国家领导人就学风和诚信工作进行了一系列批示指示。这更促成了全社会的聚焦关注,科研诚信顺势成为驱动新一轮改革的重要动力,同各机构中长期规划、机构改革、科学共同体科研作风学风改善[①]等重大目标紧密联系在一起。

三是在科研诚信领域,学者们的探索和管理者的实践有加速融合的趋势。借助互联网和即时通信技术,全国从事科研诚信工作的学者和众多科技计划、项目、基金管理部门的工作人员能够就具体案例进行讨论。这大大促进了学术监督领域的理论研究和实践工作。

四是部分机构的学术调查工作正迈向正规化,理论探讨和实践探索出现齐头并进的态势。既在受理、调查、复议、申诉等操作层面凝聚典型经验,也通过部署科研诚信课题梳理理论基础;既强调机构内部的职责协调,也注重机构之间的信息共享。

五是2017～2019年,连续发生多起有关科研诚信的网络舆情事件,其特点是牵涉人物的学术地位和行政级别越来越高,涉及的年代越来越久远,波及的范围从论文、专利、评估到新药研发。其中,尤以2019年底“网传举报人”向若干重量级人物发难最为典型。一幅科研圈的“地震图”呈现在公众面前。

无论如何,上述变化毕竟展示了一个全新的诚信治理的图景。尽管夹杂着各种干扰因素,面临不同的调查结论,但不可否认,这体现了一种趋向良好的发展方向。毫无疑问,对这一方向起到促进和加速作用的,是在2019年9月底,由科技部牵头、20个国家部委联合签署的《科研诚信案件调查处理规则(试

---

① 《关于进一步弘扬科学家精神加强作风和学风建设的意见》提出大力弘扬追求真理、严谨治学的求实精神和科研诚信是科技工作者的生命等。

行)》(国科发监〔2019〕323号)正式颁布,成为一部行政规范性文件。该文件也预示着我国的学术调查工作迎来新的起点。

二、科研诚信治理在国内外都表现为一种“自然”历史过程

马克思在其《资本论》第一卷的序言中提出,社会经济形态是一个自然历史过程,其用意是强调该过程不以人的意志为转移,但可通过科学手段加以认识。考察国内外科研诚信的治理过程,我们不难发现,其主要特征也是一个类似的“自然历史”过程:科研失信的问题产生有其自身的渊源、特征和动态演变,对其治理也的确经历了一个由表及里、由浅入深、反复深化的过程。

西方是现代自然科学的发源地。因其开展现代自然科学研究活动较早,有关科研诚信治理的探索也处于领先地位。政府(或立法)部门参与力度、调查机构的权力来源、不端行为的科学界定、惩戒信息的公开程度,决定了其学术调查的不同治理模式或路径。有学者指出,在对科研诚信的治理实践中,逐渐形成美国、欧洲国家两条途径和治理模式。

其中,美国途径重点强调“强规制”,即用国家行政法律来制约学术不端行为,发布《关于科研不端行为的联邦政策》,设立全国范围的科研诚信办公室OIG和ORI,指导机构的调查工作。以ORI为例,所有判定后的案例在执行期内被公布到互联网上,供全世界范围的科研人员查阅。在执行期结束后,则将有关案例从网上撤除,进行信用修复。而欧洲途径则着重“软约束”,即依靠机构的自治和学者的自律。欧盟成员一般不对科研诚信进行专门立法,也不设立国家级别的科研诚信管理机构,而是要求各研究机构和高校等加强科技活动中的诚信管理,通过各国一致同意并遵守的指导手册来规范相应的科研行为。当然,这并不降低其对科研失信行为零容忍的原则底线[①]。

考虑到美国针对学术不端的定义范围主要集中在FFP(Fabrication、Falsification、Plagiarism的首字母缩写)即伪造、篡改和抄袭剽窃上[②],其定义对其他国家诚信治理的借鉴意义还需要进一步挖掘。同样,考虑到欧盟建立强大政治

① 赵勇.主要国家科研诚信治理的法律法规梳理与对比分析[Z].科学技术部科技经费监管服务中心委托课题,2019.

② Office of Science and Technology Policy. Federal Research Misconduct Policy[EB/OL]. (2000-12-06)[2019-11-09]. https://ori.hhs.gov/federal-research-misconduct-policy.

联盟的宏大志向，其加强科研诚信的统一管理应该是未来可以预见的目标。不过，受其历来多中心主义的立场制约，欧盟在该领域的政策重点集中在倡导学术规则上，在治理体系中以预防为主①。

应当承认，无论美国途径还是欧洲国家途径，均反映出学术监督独特的领域特征，即居于核心地位的学术调查不同于其他领域的调查，如司法调查、纪律调查、监察调查等的特点。例如，学术调查的主体是某一具体机构，判定的规则却源自学术共同体；学术调查的客体是学术不端行为，但往往还要考虑被调查人在其他领域里的影响力；某些具体的行为（如撤稿）反映的是某国学者自身的诚信问题，但产生的影响有时又非常具有"国际范"。凡此种种，不一而足，均反映出学术诚信治理的复杂性和多样性。

由于各个国家对科研诚信的认知程度不同，法律体系和治理机制也不相同，其治理模式很可能会产生交叉互用、相互借鉴的情况。所以用任何一种模式予以概括均不免挂一漏万和以偏概全。因而上述粗浅概括未必能反映出全球科研机构在科研诚信治理上的全貌。

但上述治理途径无疑为我国当下的学术调查提供了十分宝贵的经验。这些经验，对于当下深受科研失信行为所累的中国科技界，对于其在维护科学共同体的声誉和利益、加强自律和他律、完善治理体系和提升治理能力的博弈中，提供了可资借鉴的治理良方。

当然，在我国的科研诚信治理历程中，吸收世界各国的经验固然非常必要，但更应尊重我国自身的治理经验。根据中国共产党十九届四中全会关于推进国家治理体系和治理能力现代化的精神，笔者判断国家将越来越重视对科技领域诚信工作的治理，也将由此推进多项重要的治理举措。笔者认为，这些举措将包括但不限于以下五个方面：

(1) 将学术监督列为国家监督体系的重要组成部分，以科研诚信立法决定其治理的最终方向。

建设创新型国家的战略目标使得科技在当前社会经济生活中的作用越来越重要。2017 年国家对 R&D(Research and Development，科学研究与试验发

① 欧盟一方面注重科研诚信的法制建设，在诸多法律文件中规定了科研人员须遵守科研道德；另一方面积极发挥行业组织的自净功能，欧洲科学院联盟 2017 年发布的《欧洲科研诚信行为准则》对其科研诚信建设发挥着重要影响。（贾无志. 欧盟科研诚信制度与实践[J]. 全球科技经济瞭望，2018，32(11-12)：48.）

展)的投入就占到GDP的2%以上。对巨额科技经费的监督、对经由学术同行吹哨的失信行为的监督、对科研作风和学风的监督以及对特定违规违法行为的监督,形成了不同特征、各有侧重的监督行为。这些都决定了学术领域监督的独特性,将学术监督列为一种新的监督形式并进一步成为国家监督体系的重要组成部分,是可以预见的大概率事件。而加快学术监督立法、运用法治思维规范该领域的行为,则是学术诚信治理的最终方向①。

(2) 连续推出具有中国特色的行政规范性规定,使其成为科研诚信治理法治化道路上的重要指引。

2018年5月以来,科技部等国家各部委开始连续推出诚信治理的各种规范性文件,科研诚信建设联席单位依据这些文件牵头实施了若干针对学术失信行为的联合调查。这一时期国内学术诚信治理的最大特征就是行政规范性文件成为学术监督重要的制度来源,发挥着指引学术诚信治理法治化的作用。全国科技主管部门——科技部也因此成立了科技监督与诚信建设司,依法合规地介入各机构、高校的学术诚信治理。

(3) 充分利用突发重大科研不端事件的警示意义,使其成为提升科研诚信治理的良好催化剂。在这一点上,古今中外,概莫能外。

以2017年处理"107篇论文撤稿事件"为例,"代写、代评、代投"学术论文被列为机构和高校打击学术不端的对象。以2018年"基因编辑婴儿事件"为例,伪造伦理审批行为进入公众视野。以2019年"Pubpeer网站质疑图像重复事件"为例,国内普遍存在的学风不严谨问题引发了网络舆论风暴②。这些事件的发生,为国内学术诚信治理提供了丰富而生动的案例,既是对学术监督工作的一次次考验,也为从事学术研究工作提供了极好的身边教材。

(4) 成立专门的科研诚信研究会或协会,是促进学术界达成科研规范共识的科学路径。

---

① 我国现行的《科学技术进步法》于2007年12月修订,其中未规定科研道德和科研诚信方面的内容。(贾无志.欧盟科研诚信制度与实践[J].全球科技经济瞭望,2018,32(11,12):52.)

② 著名的德国哲学家黑格尔曾在《小逻辑》序言中批评了德国学术界的两种不良作风:一种是任性、走向思想冒险的作风,表现为肆意拼凑和自欺欺人;另一种是浅薄的、缺乏深思的作风,表现为无端怀疑和夸大虚骄。黑格尔认为这两种作风在某一段时间内曾经愚弄了德国人对学术的认真态度。该批评在今天仍有某种参考价值。(黑格尔.小逻辑[M].贺麟,译.2版.北京:商务印书馆,1980:2.)

各种学术规范并不是一开始就存在的，人们对此的认识有一个发展过程[①]。不同的学科对同一种学术规范也存在不同的理解和应用。随着国内外学术界对学术规范认识的不断深化，以及国内科技主管部门推动学术调查的规范化，国内迫切需要建立一个统一的、中立的学术研究团体，对已经存在的学术规范进行标准化、计量化的研究，对尚未形成统一共识的规范进行更深入的研究，以便学者们了解、掌握并对可能存在的违规行为进行防范，也便于学术调查者在判断不端行为时，有学术界标准可以参考。这即是以学术途径来研究学术规范和学术失范行为，是诚信治理的科学途径，值得充分肯定和支持。

（5）对内开展宣讲教育，对外参加国际交流，是国内机构推动科研诚信全球治理透明化的双向选择。

简而言之，就是要加强对学者们特别是青年学子们的宣讲教育，告诉他们基本的学术规范是什么，应该怎么做和不应该怎么做。尤其要告诉他们哪些是不能触碰的底线，哪些是“高压线”，哪些是“红线”。同时，国内学者和管理者也要积极参与国际交流，告诉国外的同行，国内学界同仁和管理者都做了哪些工作，处理了哪些案子，回应了哪些国际同行关切的问题。上述两种努力方向均必不可少、缺一不可。在当今学术合作与交流国际化的背景下，保持双向透明是非常重要的治理思路。

当前国内的学术监督是否将按照上述五个方面发展，我们不妨拭目以待。

第二节　学术不端概念的演化和共识[②]

根据牛津英语词典的释义，“不端”（Misconduct）特指针对专业人士的不可

---

① 自从人类有了学术活动以来，实际上就存在着学术规范问题。不过人们有意识、专门、系统地研究学术规范问题，则是近几十年间的事情。学术规范之说最早出现在20世纪40年代，源自美国科学家R. K. 默顿的《论科学与民主》一书。（叶继元，等. 学术规范通论[M]. 2版. 上海：华东师范大学出版社，2017：3-5.）

② 学术不端，当前一般称之为“科研不端”，英文为“Research Misconduct”，直译为“研究不端”。属于同一概念，本书不做特别区分。“Research Integrity”（科研诚信、研究诚信、学术诚信）的概念也是如此。

接受的行为，因而主要存在于专业领域[①]。基于该词源含义，笔者认为，国内外学者对于学术不端概念(Conceptions on Research Misconduct)的认知并不十分一致。这导致学者们在讨论学术不端行为时，经常不区分具体情况，只是笼统地指发生在科学研究领域里的某种不可接受的行为。而这些行为，有的也许只是因为违反了某一个实验室的口头约定或默认规则而已。

本书中所指的学术不端，是指经由学者研究、机构调查、政策认定和学术界有普遍共识的，普遍存在于学术研究领域中的违反学术规范和管理规章的行为。在实践中，这种不端的行为既有客观的事实要件，也具备主观的态度要件，同时，需要经过相对统一的调查程序认定。缺失其中任何一个环节，指认一种行为涉嫌学术不端是不严谨的。对学术不端行为的处理，也要遵循现有的政府规范性文件的相应条款。

依据上述概念，笔者将国内科研诚信领域有关学者进行了粗略的分类，大致形成十余种学术流派。实际上，称其为“流派”并不十分准确，因为这些学者所在的行业、学术背景、个人兴趣和擅长均有所差异，仅仅根据这些学者的个人自由探索、机构学术传统、相关部门制度实践、调查工作实务等因素，就认定其自发形成真正严格意义上的学术派别并不完全客观，且其界限、人员也并非十分固定。但这种分类在某种程度上，倒也符合当前我国学术诚信建设和学术调查工作“众说纷纭”的现状。

经笔者梳理，基于对学术不端概念和行为的认知，学术界客观存在以下几种流派或派别：

一是价值描述派，即使用“违背学术共同体普遍遵循的价值准则”或要求等，从定义出发，界定学术不端概念的行为。美国、英国、法国、德国等发达国家对FFP的界定，就属于此类。国内学者如南京大学的叶继元[②]、中科院科技战略咨询研究院的李真真[③]等为代表。其基本特点是从事该项研究较早，论述自成体系。

二是单方约定派，即利用特定学术共同体的优势地位，对某一类行为进行

① 霍恩比. 牛津高阶英语词典[M]. 9版. 北京：商务印书馆，2016：990.

② 叶继元在其编著的《学术规范通论》中，论述了学术不端行为的概念和表现形式。（叶继元，等. 学术规范通论[M]. 2版. 上海：华东师范大学出版社，2017：3-5.）

③ 在国家新闻出版署发布的《学术出版规范 期刊学术不端行为界定》(CY/T174—2019)中，给出了国内新闻出版行业关于学术不端行为的定义和分类的行业标准，该标准于2019年5月29日发布，7月1日实施。

约定。例如国内出版界所认定的一稿多投或重复发表行为、国际期刊撤稿中认定的论文撤稿原因等，多归于此[①]。其显著特点是运用同行评议，对学者的研究行为和方法进行规范，对结果进行第三方评议，因而行业特征十分鲜明。当然，这种规范和评议，在实际工作中判断学术不端行为时，需要与机构保持互动并借由机构的学术调查予以再确认。

三是计量分析派，即通过梳理国内相关部门进行学术诚信治理的制度文件，概括出一系列学术不端行为的状况。如中科院文献情报中心的袁军鹏以文献计量为工具，总结出由有关政府管理部门认定的学术不端行为的 41 种常见表现形式[②]。中国人民大学的赵延东采用社会学统计方法就博士研究生群体对科研不端行为的认知变化开展研究，揭示对这一群体开展诚信教育的必要性[③]。这一派的特点是将科研不端概念、行为和治理当作研究的客体，再通过统计方法进行学术研究。

四是管理实践派，即由少数长期从事科研诚信管理的学者，对工作实践中遇到的科研不端行为举报进行提炼，提出自己的学术观点，如前述曾担任自然科学基金委主任的杨卫总结了 14 种科研不端行为[④]，中科院监审局局长杨卫平提出了 20 种常见科研不端行为[⑤]。管理者们对科研诚信的认识来源于日常监督实践，其对不端行为治理的对策大多从调查实际案例的具体工作中总结提

---

① 21 世纪初，在厘清双语投稿翻译权的微妙问题后，中国禁止了一稿多投。（张笑，梅进．杨卫为《科学》撰写社论谈中国科研诚信[EB/OL]．(2013-11-29)[2019-11-19]．http://news.sciencenet.cn/htmlnews/2013/11/285662.shtm.）

② 袁军鹏，淮孟姣．科研失信概念、表现及影响因素分析[J]．科学与社会，2018，8(3)：27-28.

③ 赵延东等在《博士生对学术不端行为的态度、评价及其变化》一文中，揭示了我国硕士生、博士生学术不端行为的表现、特征和表现形式。（李睿婕，赵延东．博士生对学术不端行为的态度、评价及其变化[J]．学位与研究生教育，2019(2)：46-50.）

④ 杨卫指出了 14 种不端与不当行为（剽窃、编造、篡改、捉刀、重复发表、署名不当、利益冲突、关系游说、学术独裁、引用不当、幽灵引用、幽灵评审、不可重复和伦理失范）。（杨卫．诚信好转　伦理堪忧[R/OL]．(2019-05-03)[2019-11-23]．https://www.cingta.com/detail/10383.）

⑤ 杨卫平在其《20 种常见科研不端行为，如何认定？》一文中，根据工作实践和案例研究，提出了 20 种学术不端行为分类（伪造、篡改、买卖和代写论文、代投、虚假陈述、文字抄袭、交流剽窃、评议剽窃、自我抄袭、主观取舍数据、故意忽略他人贡献、隐匿利益冲突、夸大或虚假宣传、侵犯署名权、侵犯知情权、侵犯隐私权、侵犯科研合约、滥用学术权力、不履行伦理审查义务、不执行伦理审查要求）。（杨卫平．20 种常见科研不端行为，如何认定？[N/OL]．中国科学报．2020-5-13[2020-06-12]．http://paper.sciencenet.cn/sbhtmlnews/2020/5/355121.shtm?id=355121.）

炼而来，具有较强的实操性。

五是负面清单派，即部分政府管理机构根据遏止科研不端行为的具体任务，以负面清单的形式指出科研不端行为的表现。这方面最具代表性的就是2015年七部委提出的规范学术论文写作“五不准”①。其中，对代写、代投、代评的反对可谓是国内特色。2018年11月，由41个部委联合提出的43种联合惩戒措施②，也属此类。在国外主要是以Retractionwatch、Pubpeer等以打假著称的网站为代表，其公开发布的质疑或信息通常能在国内掀起轩然大波。这些网站，在国内都有中方代理的发声平台或渠道。

六是国际标准派，即由学者从各自从事的专业或职业角度，对科研失信突发事件进行分析，对涉及的科研诚信问题进行梳理并及时回应，或通过推进学术研究，以学术交流的形式向国际同行介绍国内的有关治理工作进展，提出若干可能的学术建议。这些学者中以复旦大学的唐莉③、浙江大学的张月红④等为代表，在国际上有一定的影响力，其对问题的分析和学术建议常能得到国际同行的肯定。

七是政策比较派，即由学者从各国治理经验和制度文献的梳理中，通过比较分析，获取国内外科研诚信治理在概念、措施演化中的宝贵经验，为国内相关管理部门的决策者提供科学依据。这方面以中国农业大学的赵勇⑤、中国科学

---

① 中国科协，教育部，科技部，等. 关于印发《发表学术论文“五不准”》的通知[A/OL]. (2015-11-23)[2020-06-22]. http://www.moe.gov.cn/jyb_xxgk/moe_1777/moe_1779/201512/t20151214_224910.html.

② 国家发展改革委，人民银行，科技部，等. 关于对科研领域相关失信责任主体实施联合惩戒的合作备忘录：发改财金[2018]1600号[A/OL]. (2018-11-05)[2020-06-22]. https://www.ndrc.gov.cn/xxgk/zcfb/tz/201811/t20181109_962311.html.

③ 唐莉在“Five Ways China must Cultivate Research Integrity”一文中，对中国科研机构开展科研诚信建设提出五条非常现实的路径忠告：Forgive, Then be Tough/Institutionalize/Incentivize/Educate/Study（有条件不追诉/制度化建设/激励/教育/研究协同推进）。（LI T. Five Ways China must Cultivate Research Integrity[J]. Nature，2019，575：589-591.）

④ 张月红在《没有诚信，何有尊严？》一文中，讨论了中国在学术诚信建设中，应向国外同行学习，加强对年轻人的教育，建设有诚信的社会。（张月红，叶青. 没有诚信，何有尊严？[J]. 科技与出版，2019(4)：36-41.）

⑤ 赵勇等在《科研诚信建设要实现五大转变》中讨论了国内科研诚信建设今后的常态化应对机制。（张红伟，赵勇. 科研诚信建设要实现五大转变[N]. 中国科学报，2020-02-18(7).）

院大学的黄小茹[①]等为代表。其对国内外科研诚信治理政策的梳理和建议，是国内相应领域治理体系和治理能力现代化建设的重要组成部分。

八是宣讲教育派，即通过正面典型人物的学术生涯事迹，对广大科技人员和青年学生进行正向引导，使其树立正确的科技价值观，保持科研的初心。部委工作层面体现在中国科协牵头开展的全国科学道德和学风建设宣讲教育活动中[②]。学者层面则以孙平博士[③]开设的有关专题网站（即国际科研合作信息网 http://www.ircip.cn/index.html）为代表。国际上以美国的 ORI 和欧盟有关科研诚信的教育培训部门和前官员为主要代表。自 2019 年 6 月中办和国办印发《关于进一步弘扬科学家精神加强作风和学风建设的意见》后，以正向引导为特点的宣讲教育工作进入学术界主流视野。

九是技术支撑派，即倡导符合科研诚信管理理念和原则的技术研发和应用。主要指基于大数据和人工智能的学术不端行为检测技术及其所涉及的相关标准、理念和原则。一个科学的、可供机构使用的检测技术工具，需要严谨的算法和合规的数据来源，并确立检准、检全、检实的标准，才能对文字、表格等各类重复情况做出合理判定，其检测报告可作为判断抄袭的可靠线索和依据。考虑应用场景的特殊性，检测技术还应得到合理规范使用，这些也需要结合科研诚信教育，并要求机构层面建立完善的管理和监督机制。近年来，随着文字抄袭的情况有所改观，论文代写买卖、图像剽窃和篡改以及作弊式的滥用检测系统等学术不端行为引起更多关注，技术支撑正由管理应用扩展到学习和教育应用，并需要通过加强人机结合来进一步提高技术效能。[④]

---

① 黄小茹在《科研成果不可验证性问题：发现机制的失效及可能的对策》一文中，研究了科研成果发现机制的失效及可能的对策，并比较了各国在该问题上的对策。（黄小茹. 科研成果不可验证性问题：发现机制的失效及可能的对策[J]. 科学学研究，2017，35(7)：961-966.）

② 2019 年全国科学道德和学风建设宣讲教育报告会在京举办。该活动由中国科协牵头，此前已连续举办了 8 年。

③ 孙平博士认为，促进科研人员之间的信任和公众对科学、对科学家的信任，完善科学公共体的自我纠错机制，以及保障科研诚信的制度和机制等，都是科研诚信建设中根本性的问题，但频频出现的科研不端行为说明这些方面的问题还有待解决。（孙平. 世界科研诚信建设的动向及其对我国的启示[J]. 国防科技，2017(6)：30.）

④ 近两年，科技论文涉嫌图像造假的举报增多，其不端行为更加隐蔽，正是反映了抄袭剽窃行为从公然和肆无忌惮的连篇累牍抄袭，发展到隐蔽的、更为精致的科学数据抄袭，甚至造假的行为。所以对科技论文中的图像涉嫌抄袭剽窃行为，应通过专业工具和学术调查共同判定。关于技术工具的应用，还可参见：中国科学技术协会. 科技期刊出版伦理规范[M]. 北京：中国科学技术出版社，2019：130-154.

以上分类，由笔者依据近三年的观察和体会得出，属于一家之言，主观的成分居多。如此分类，只是为了强调，对于科研诚信这一当下国内的新兴研究领域而言，中国的学者们已经具备了相当的研究基础，而管理者们也积累了一定的经验，进行了初步的探索和实践。

对于国内推进学术诚信治理和提升治理能力的战略而言，最好的办法是将上述各流派的经验整合起来，通过治理实践形成治理经验进而提升为治理方法，再通过反复积累形成理念、制度和治理的思路、政策、重点，从而保证学术诚信治理的科学性、系统性和有效性。

上述学者的研究努力、管理者的探索和实践，都随着 2018 年《关于进一步加强科研诚信建设的若干意见》和 2019 年《科研诚信案件调查处理规则（试行）》等一系列政府规范性文件的颁布，而迅速结合起来，集聚成一股应对学术不端行为、完善诚信治理体系和提升诚信治理能力的强劲力量。

而促使这股力量迅速集聚的导火索，毫无疑问，是近年来发生的一系列重大的科研不端事件。

第三节　重大科研不端事件揭示的学术调查现状和需求

如前所述，笔者一直强调，2017 年是我国真正意义上的科研诚信治理的“元年”。仅仅在一年后的 2018 年 5 月底，中办和国办就印发了《关于进一步加强科研诚信建设的若干意见》，可谓出手迅速。紧接着，是年 11 月，41 个部门联合印发《关于对科研领域相关失信责任主体实施联合惩戒的合作备忘录》，展示出联合惩戒的决心。2019 年 6 月，两办又印发《关于弘扬科学家精神加强作风和学风建设的意见》，从正向进行引导。紧接着在 9 月，在科技部的主导下，20 个科研诚信建设联席会议单位联手印发了《科研诚信案件调查处理规则（试行）》，再从反向进行约束。

应该说，国内关于科研诚信治理的制度网正逐渐扎得密集起来，形势的发展超过一般人的想象。借用一句流行的话语来描述，就是形势比人强，而我们也有足够的理由赞同这句话。国家层面的配套政策不断推出，治理思路逐渐明确，工作重点已然聚焦，行业标准正在沉淀，一个全新的诚信治理格局初步显现，对前期蔓延的科研不端行为渐成合围之势。种种迹象显示，国内学术监督对科研不端行为的压倒性优势正在形成。

应当承认，这种局面来之不易。能够达到这种局面，也是得益于 2017 年以来的几起重大学术不端事件的持续刺激。现在尘埃落定，我们再回头复盘 2017 年发生的这几起事件，或许会有新的更深刻的认识。

首先是“107 篇论文撤稿事件”。2017 年 4 月 20 日，隶属施普林格自然出版集团的国际期刊《肿瘤生物学》(《Tumor Biology》)一次性撤下来自中国学者的 107 篇已发表学术文章(后经核实，有两篇属于同一篇，还有一篇没有问题。故实际合计 105 篇)。本来撤稿的事情也年年都有，属于正常现象，但一次性撤下 100 多篇文章的情况却不常见，于是此事立刻吸引了国际学术界的目光。一时间，坊间充满了对中国学术环境现状和中国学者治学能力的质疑。

因而对“107 篇论文撤稿事件”的处理，不再是一件简单的小事，而是事关重大、不可小觑的大事。事件的处理结果能否做到客观、公正，能否令国际社会、学术同行以及国内舆论信服，能否化危为机、对匡正国内学术风气形成正向带动效应，需要谨慎应对。可以说，对撤稿事件如何处理，于外关乎国家形象，于内关乎学术声誉，而中国政府诸机构的反应证实了这一点。

基于这种认识，在对“107 篇论文撤稿事件”的处理中，基于科研诚信建设联席会议的机制，国内的相关部委迅速行动起来，仅其中联席会议各单位就开了多次协调会。会议重点梳理了各机构和高校现有的调查处理办法，基本形成了统一处理规则、平衡处理尺度，加大处理措施的指导思路。其中，规则统一、尺度统一、措施统一的直接结果就是为后期惩戒处理营造了一种“类案同判”[①]的氛围。自此，统一调查规则和惩治尺度，成为国内学术诚信治理中的基本共识和头等大事。

这在当时是难能可贵的。要知道，各个机构的调查处理办法和处理措施都是自成体系的，相互之间差别较大，相应的调查程序也不尽相同。同样性质的

---

① 此处借用司法实践中的专有名词。原意指法官正在审理的案件，应当与其所在法院和上一级法院已经审结的或者其他具有指导意义的同类案件裁判尺度一致。类案同判的核心在于确定“类”。(邓永泉，杜国栋.类案同判核心在于建立类案标准[N].人民法院报，2018-10-15(2).)

案子，最后得到不同结果的可能性是非常大的。而如“107篇论文撤稿事件”这么大影响力的案件，若处理结果千差万别，将会是非常令人尴尬的事情，所以规则、尺度和处理措施的统一势在必行。而后来的处理结果也大致体现了这种统一。这就在客观上为以后国内处置类似学术不端事件形成了一套可资参考的案例标准。

其次是2018年围绕长江学者的几起事件。年初北航陈某因为骚扰学生、年底南大梁某因为撤稿事件先后被撤销“长江学者”称号。国内学者们拍手称快之余，往往会将目光不由自主地扫向那些被曝光而未被处理的学者。仿佛一夜之间就能查到学术界的“老虎”，且必欲除之而后快。当然，针对头顶学术光环的“牛人”们的学术调查，在现实中和在网络中往往处于两种不同的语境，对此我们要保持清醒的头脑。

作为一名从事科研诚信工作的专员，笔者在最近的两年内接触过几例针对院士、所长级别人物的科研诚信举报事件。这些举报均有一个特点，就是尽管多为匿名举报，但举报的内容却非常具体，显然是内行人所为。不过经过严格的调查和同行评议，调查的结果却往往与举报内容大相径庭，不实举报的情况居多。

在调查中，经过比对，举报人提供的线索中涉及的人、事和关系，均与实际情况不符，绝大多数是经过精心剪裁、拼接起来的，经不起认真调查。单独看，人还是那些人，事情还是那些事情，但合起来，人和事之间对应不上。所以往往调查组一开始还按照“可能存在严重不端”的方向开展调查，随着证据收集和事实明朗，“可能存在诬告”的结论就逐渐浮现。

不过，确切地讲，上述这种针对个别学术“牛人”的学术调查其真正意义或许在于：学术“牛人”们作为以往不可触碰的“铁板”，逐渐开始发生松动的迹象。而这正是两年来诚信治理趋严背景下推进学术调查全覆盖的不可逆转的趋势之一。然而，对学术“牛人”们的学术调查也仅仅是起到了稳定军心的作用，不能完全寄希望于凭个别事件就形成对某些“学阀、学霸”级别人物的震慑作用。毫无疑问，国内学术监督还有很长的路要走。

第三是有关师德的舆论事件。导师们应该如何为人师表，我国古代学者韩愈有精辟之论述。今天的导师和自己的研究生之间，在经历了很长一段时期的“一日为师、终身为父”的传统关系后，发展为科技“包产到户”的“老板”和“员工”关系，在一些个别事件中发生了“骚扰”“剥削”“侵占”“歧视”[1]等一系列非正常的关系，而正在向新的师生关系发展。

国际同行虽然并不将性骚扰等有悖师德的行为归于学术诚信治理的范畴[2]，而认为其仅仅是社会不公平现象在学术领域的自然表现，但这种表现在国内又伴随着更多更复杂的因素。实际上，国内学术圈中长期存在的对行政权力的崇拜和依附、对学术权威的服从和追随、对评价体系的执着和迷恋等种种现象，毫无疑问加剧了这种不公平，也加深了学术诚信治理的复杂性。当然，客观上这种复杂性也为从事学术诚信研究的学者们提供了充足的滋养素材和研究冲动。

《关于进一步弘扬科学家精神加强作风和学风建设的意见》对为师者作用提出了标准答案：做提携后进、甘当人梯的奉献者，“大力弘扬甘为人梯、奖掖后学的育人精神。……善于发现培养青年科技人才，敢于放手、支持其在重大科研任务中“挑大梁”，甘做致力提携后学的“铺路石”和领路人”[3]。应该说，这就是对当代师生关系的最新定义。

国际经验表明，对严重学术不端事件的处理往往是开展诚信治理的最好契机。美国、英国、德国、法国、日本等发达国家的学术诚信治理的历程告诉我们，揪住重大的学术不端事件不放松，不断加强制度建设，完善治理体系，协调工作机制，严惩不端行为，加强案例警示，是学术诚信治理取得突破性进展和实效的不二法门。

当前，我国的学术诚信治理正循此途径，处于博采百家经验，根植中国特色，力争有所突破、有所创新、有所成就的重要历史节点。值此节点之际，我辈从事学术诚信管理的诸位同仁，更应拿出生逢盛世的紧迫感和舍我其谁的使命感，殚精竭虑、悉心研习、努力提升，为国家诚信治理体系的完善和治理能力的

---

① 在2020年初全球暴发的新冠肺炎疫情中，我们对“歧视”这个词有了更为真切而深刻的体悟。实际上，它普遍存在于政治、经济、生活、地域、文化等领域，而不仅仅局限于学术领域。解决歧视问题，不仅仅需要文明的进步、文化的包容和个人素养的修炼，更重要的是通过法律手段进行调节。

② 例如法国国家科研中心(CNRS)网站(www.cnrs.fr/comets)在“Integrity and Responsibility in Research Practices”导读中，将歧视、骚扰、男女平等单列一章节，作为研究者的责任，放在学术规范之前。

③ 中共中央办公厅，国务院办公厅．关于进一步弘扬科学家精神加强作风和学风建设的意见[A/OL]．(2019-06-11)[2020-06-05]．http://www.gov.cn/zhengce/2019-06/11/content_5399239.htm.

现代化谋事创新、添砖加瓦并贡献微薄之力。

此外，要特别警惕网络暴力对学术诚信治理的负向引导效应。发生在2019年底的“网传举报人”事件，不仅是滥用学术监督的恶劣典型，更是将未经调查的结论有意在网络上散布的违法行为，是实实在在的网络暴力或霸凌。这同当前有关各方通过构建法规体系和统一调查程序，经由正式调查和专家评议得出学术结论后，再公之于众的诚信治理途径大相径庭、南辕北辙，必须予以坚决制止。

在这类突发事件的后续处理中，无论是抱有何种目的和通过何种途径散布“造假”指控，均构成对被指控者的人身攻击和学术声誉的诋毁。在经过科研诚信建设联席会议主持的正式调查结论出来之后，获得清白之身的被中伤者，最好拿起法律武器予以还击，维护个人的学术声誉和切身利益。同时，也借合法合规的途径对普罗大众形成直观的诚信教育。

90年前，毛泽东同志在著名的《反对本本主义》一文中，提出了“没有调查，没有发言权”的科学论断。今天，这一科学结论毫无疑问也适用于当前学术诚信领域的治理和学术调查工作，是从事学术调查工作所必须遵循的指南。每一个有志于从事学术调查工作的同志，都有责任学习并遵循伟人的教诲并实践之。

第二章　学术调查权法源探析

第一节　学术监管的美国模式和欧洲模式比较

一、1981～1992 年美国学术监管的启示

1981 年，美国国会众议院科学技术委员会第一次审议科研不端问题，指出美国机构和大学中没有建立防止科研不端的机制，要求政府予以重视。学者袁军鹏认为，这是一件足以影响学术诚信治理走向的重大事件。其意义如前所述，是学术诚信的治理走出学术圈，进入国家治理层面的风向标。

在美国 ORI(NIH 下属专职从事科研诚信治理的机构)网站上，有如下内容：尽管美国在国家层面开始重视科研不端，但是否需要成立一个专门机构来管理，一直没有下定论。直到 1986 年，PHS 才指定一个临时机构，NIH 才成立一个联合办公室负责收取各机构和高校关于科研不端治理的报告[①]，但收效甚微。再到 1992 年，美国才得以 ORI 和 OIG 的成立为代表，建立起国家牵头治理科研诚信的模式。ORI 和 OIG 分别是 NIH 和 HHS 的下属独立学术调查机

---

① Before 1986, reports of research misconduct were received by funding institutes within PHS agencies. In 1986, the NIH assigned responsibility for receiving and responding to reports of research misconduct to its Institutional Liaison Office. 参见 Historical Background[EB/OL]. [2020-06-05]. https://ori.hhs.gov/index.php/historical-background.

构，其工作模式的侧重点不同，但均对资助的科研项目行使监督权。其中，以ORI的工作最有成效，也最具代表性。

美国花了10余年的时间，将学术诚信治理的层级提升到了国家级水平。学界、机构对学术诚信的话语权，再一次发生了转向。这对全世界学术诚信的治理具有十分典型的示范意义，意味着一种全新的治理模式，也即是本书第一章所称的学术监督范式向新的第四种范式转换。

二、1992年以后至今美国的学术监管模式探析

1992年以后，美国加快了学术诚信治理的步伐。1999年，出台联邦政府层面的指导规则，2005年出台《针对研究不端行为的公共卫生政策》①，2017年进一步出台了这一政策的修订版用于指导联邦层面的学术监督事项②。在管理实践中，以ORI为例，共设立了4个部门：综合事务部门（与总监察长办公室合署办公）、调查部、宣传教育部和保障部，共有正式员工20余人和科研诚信专家若干人。ORI定期在网站上公布自己或高校等机构所发现的不端案例，定期举办各种教育培训课程，对全美机构和部分全球学术机构开展科研诚信培训进行资助。ORI也是世界科研诚信大会理事会的主要资助方。

这一时期的重要特征，就是学术调查成为治理的主角。限于资料，我们不能窥得ORI开展学术调查的全貌，但从ORI网站公布的已经查实的案件来看，可以反推其调查所采用的方法，进而推导出其调查的一般程序。

从结果看，查实的案件一般会通过签署和解协议、排除协议、行政禁制令、司法程序等形式结案。最有特点的是ORI一般会在网上公开已查实的案件，公布的期限和被调查者所受处理期限一致。

和解协议（Settlement Agreement）一般用于情节较为轻微、数量较少、被调查者主动承认或修正错误、采取补救措施的情况。其被处罚期限一般在3年以下。在ORI公布的科研诚信案件中，和解协议一般占到40%。

---

① 黄军英.国外遏制学术不端行为的做法及对我国的启示[J].科学对社会的影响，2006(4)：6.

② 亦即“Public Health Service Policies on Research Misconduct; Final Rule”的修订版。其中的“42 CFR Parts 50 and 93”部分涉及了学术不端的概念、调查和处理的程序。（ORI. Introduction to the Responsible Conduct of Research[EB/OL].(2007-08)[2020-06-05]. https://ori.hhs.gov/sites/default/files/rcrintro.pdf.）

排除协议(Exclusive Agreement)一般用于情节较为严重、数量较多、被调查者在大量违规事实面前承认错误、自愿接受处罚的情况。其被处罚期限一般在3～5年。采取这种处理方式的约占50%。

行政禁制令一般适用于被调查者拒不承认违规事实、违规情节又较为严重或数量较多的情况。此时,需要调查一方将调查报告和处理建议上报总监察长办公室,由总监察长签署后即时生效,形成强制性处理裁定。这种情况的处罚期限一般在5年以上。采取这种处理方式的一般占10%。

进入司法程序的案例较少,一般是被调查者不服其中的全部或部分处理措施,向司法部门提出控诉,再经过司法部门判决后生效。这种情况一般判罚期限同学术处罚的期限一致或略短。例如,在处理著名的"心肌干细胞"(C-kit+细胞)造假案的主角——安瓦萨(Piero Anversa)——的过程中,司法部门就发挥了一定的作用①。在当年韩国处理黄禹锡的案件中,也有这种判罚思路的影子②。

本书的读者中如果恰好有来自党纪监督部门的同行,则很容易由此联想到国内执纪监督工作中著名的"四种形态"理论。的确如此,这正是现实版的应用"四种形态"理论的处理手法,只不过是存在于学术调查实践的场景中罢了。

为了更好地理解上述内容,我们将ORI网站上2014～2019年的现存案例做了简要统计,结果如表2.1所示:

---

① 2017年,Anversa被起诉欺诈获取研究资金,其所在的布莱根妇女医院向NIH赔款1000万美元。此前,2015年安瓦萨从哈佛医学院及其附属医院布莱根妇女医院离职。(中大科技处.整个领域没了!学术界有史以来最大的丑闻[EB/OL].(2019-11-29)[2020-06-05].https://3g.163.com/news/article/EV57DAQ105329TW8.html.黄堃.他骗了全世界:美国知名心脏专家31篇论文造假[EB/OL].(2018-10-19)[2020-06-05].http://news.sina.com.cn/w/2018-10-19/doc-ihmrasqs3813975.shtml.)

② 韩国首尔高等法院二审判处黄禹锡有期徒刑18个月,缓期2年执行。而此前黄禹锡受到的学术处理为5年内禁止重新担任教授等公职。(中国科学院.科学与诚信:发人深省的科研不端行为案例[M].北京:科学出版社,2013:163-165.)

表 2.1 ORI 在 2014～2019 年采用的协议处理统计(尚在处理执行期的案子)

年份 数量 协议	2014	2015	2016	2017	2018	2019
和解协议	5	1	2	5	4	4
排除协议	0	*	1	1	5	3
行政裁决	1	*	1	2	3	1
其他	1	0	0	0	0	0
其中和解协议占比	71%	—	50%	62.5%	33%	50%

注:"—"表示为当年无相关数据。数据来源:https://ori.hhs.gov/。

上述统计显示,ORI 对学术调查后的处理体现出以下特点:

一是以学术处理为主。机构可根据学术调查的结果,结合自己现有的制度规则,再给出相应或追加的处理措施。其他相关部门也可据此做出适当的处理措施如取消学术荣誉,撤销学位,一定期限内禁止担任领域或行业的评审专家等。

二是被调查者良好的主观态度对案件处理结果有积极的影响。以和解协议为例,如果被调查者主动承认错误或做出补救措施,则对签署和解协议有很大的助推作用。如果拒不承认,则结果容易导致较重的处理措施。当然,这两种情况的前提是被调查者的确有错在先。

三是调查过程体现了"治病救人"的思路。从和解协议到排除协议再到行政裁定,反映了一种层层递进的工作思路。限于调查人手不足和不端行为的复杂性,ORI 也是希望能快查快结,提高效率,这也是最节省行政资源的选择。当然,这显然不同于当下国内纪检监督部门提出的某些违纪违规行为"不能一退了之、不能一谈了之"的纠错思路。

上述特点肯定不能覆盖 ORI 开展学术调查的全貌,这里仅以上述简要结果予以合理推断。真实的调查处理过程还是要通过双方交流、现场观摩学习方能了解其方法和特点,以作为工作参考。

三、多样性和学术团体自律影响下的欧洲学术监管模式

相对于美国的一统局面，欧洲仍以多中心、多样性为基本治理思路。发挥学术团体自律来维护学术诚信是其一贯的学术传统[①]。

以法国科研中心为例，其指导手册中就有这样一段关于论文署名的描述：关于论文署名的惯例，要遵循相关的学术规范和实验室已有的相关规定并事先达成书面一致意见。如果没有明确的规定，则请遵循该研究团队历来的惯例甚至是合作者之间的友好关系。同时又指出，署名是一个技巧性很高的工作[②]。

这种规定实际上是对学术团队自律的高度尊重。一旦出现学术不端行为，首先要看实验室有没有明文规定，学术界有没有现成的相关规矩。然后进一步要看看机构或团队一向的学术传统。这些都可以作为维护学术诚信的有力依据。在这种情况下，也许行政部门还没有来得及介入，研究团队或实验室已经将学术失信行为人拒之门外了。

德国则在关于科学研究中专业性自我规范的建议中规定，大学和科研机构的负责人有责任建立适当的组织结构。这些组织结构视科学研究规模大小而定，但均必须明确指导、监督、冲突解决和质量保证方面的责任，并能够检验这些责任是否得到有效履行[③]。

笔者研究过一则来自某机构的案件也表明，在德国，实验室的大小事项由实验室负责人(Team Leader)全力负责。即使是曾经合作的同行，离开后再委

① 这(欧洲科研诚信行为准则)是自我约束的规则，而不是法律的一部分。本准则不是要取代现有各国的指南或学术指南，而是代表在欧洲范围内就科研界的一系列原则和重要事项达成的一致。转引自中国科学院.科学与诚信：发人深省的科研不端行为案例[M].北京：科学出版社，2013：208.

② 原文为：Authorship agreements depend on the field research and are under the responsibility of the team. To avoid conflicts, researchers are advised to agree upon authorship and order of authors sufficiently ahead of publication and in a transparent way. This is especially important in the case of collaborative work. This tricky issue should be discussed collectively in research units and signature recommendations included in the laboratory internal regulations. Integrity and Responsibility in Research Practices Guide (2017). 4.2.1. Authorship Conventions. CNRS Ethics Committee.

③ 杨宪.国外科研诚信制度规范及相关文件汇编[G].北京：中国社会科学评价研究院，2019：54.

托一项哪怕是单纯的检测行为，也要事先通过实验室负责人同意后再行安排，否则即被视为“未经授权、擅自宣称拥有本来为他人所拥有的著作权”而陷入侵权(或剽窃)[①]。该案例从另一侧面印证了欧洲维护学术诚信的工作主要靠学术团队自律的结论。

第二节　我国学术调查的权力来源分析

一、2007～2016年机构主导下的学术调查

受国际同行推进科研诚信建设的启发和影响，国内大约在2007年前后进入科研诚信建设的大规模启蒙阶段[②]，有个别机构则在更早的时间建立了科研道德组织[③]。这一阶段的主要特征是各种各样的科研道德委员会等被机构设立在学术委员会下，由学术委员会副主任兼任主任委员，或者推选德高望重的院士、已卸任的机构负责人等担任主任。涉及动物实验、人类行为研究的，则将伦理审查的部分职责也纳入科研道德委员会的监管内容[④]，或在机构名称上予以体现。

机构和高校的科研道德委员会成立后，一般是开展制度建设、宣传教育和科研不端案件的调查等常规工作。例如中科院科研道德委员会办公室自2007

① By using others' content without indicating the source (plagiarism). (DFG. Rules of Procedure for Dealing with Scientific Misconduct [EB/OL]. (2019-07-02)[2020-06-28]. https://www.dfg.de/formulare/80_01/80_01_en.pdf.)

② 这一年的9月，世界科研诚信大会在葡萄牙首都里斯本召开。

③ 中国科学院学部的第一届科学道德建设委员会成立于1996年11月。(百度百科. 中国科学院学部科学道德建设委员会[EB/OL]. (2018-07-19)[2020-06-28]. https://baike.baidu.com/item/中国科学院学部科学道德建设委员会/4674424?fr=aladdin.)

④ 尊重研究对象(包括人类和非人类研究对象)。在涉及人体的研究中，必须保护受试人合法权益和个人隐私并保障知情同意权。(中国科学技术协会. 科技工作者科学道德规范(试行):2007年1月16日中国科协七届三次常委会议审议通过[A/OL]. (2007-01-16)[2020-06-11]. http://kexie.hust.edu.cn/xsdd/zgkxkjgzzkxddgf.htm.)

年成立以后，挂靠在当时的监察审计局（该局又与当时的中纪委驻院纪检组合署办公），具体工作落在当时的党风建设室。而国务院于 1986 年 2 月 14 日正式批准成立国家自然科学基金委员会，开展科学基金相关工作的监督①。

这一阶段的学术调查工作，大多没有确定的调查规则和专门的调查队伍。更多情况下借助纪检或行政组织的调查权力和工作程序，参考学术共同体的相关规范来开展工作。最主要特点是依据被调查者的行政级别或特殊身份（例如是否属于局所级领导干部、是否拥有院士头衔等）制订调查方案，依靠现有纪检队伍和调查程序实施调查②，以部门领导或分管领导的签批意见作为是否结案的依据。在调查过程中很容易受到纪检手段和办案人员从业经验的制约。

在基层单位，科研道德委员会普遍没有设立明确的办事机构，相关工作放在学术委员会的秘书处（通常为科技处）进行落实，一般不和监督部门发生业务联系，而监督部门也会以不懂科研业务为由将此领域的工作留白。这种情况大大削弱了学术监督机构的专业性和权威性。因此，客观上讲，此阶段的机构或高校并不具备实施规范的学术调查的能力。非实名的举报大多得不到重视，实名举报则根据上级要求和纪检部门案件的相关程序办理。这一时期的调查结论多为举报不实。

国内高校也开展了科研道德机构的建设，但高校的情况还有其自身特点，一般由学位委员会、师德师风建设委员会、学生管理等机构唱主角。在具体的办事机构上，以学生的学位工作、考风考纪等为治理重点。学院层面的学术道德工作基本上依靠自治，实际上治理体系并不完善。

综上所述，这一时期的学术调查，机构或高校居于主导地位，重大科研不端案件相对较少（或可理解为进入实质性调查程序的较少），即使有个别案件也掀

① 国家自然科学基金委员会监督委员会. 概况[EB/OL].（2020-07-04）[2020-08-11]. http://www.nsfc.gov.cn/nsfc/cen/00/its/jiandu991013/jiandu2.html.

② 例如前述《中国科学院对科研不端行为的调查处理暂行办法》，其按照职务级别对学术不端行为进行调查的指导思路无疑是错误的。事实上，个人的学术不端行为和其职务的级别以及职称的类别之间是没有对应关系的。这根本是两个完全不同的评价体系。（中国科学院办公厅. 中国科学院对科研不端行为的调查处理暂行办法[A/OL].（2016-03-08）[2020-06-27]. http://www.cas.cn/gzzd/jcsj/201912/P020191220378579828995.pdf.）

不起什么大的波澜[①]。而同一时期美国 ORI 的资料显示，其科研不端案件的查实率在 25%～75%区间浮动（如图 2.1 所示）。

但没有大的波澜并不意味着风平浪静，许多后来引发公众舆论的科研失范事件，在貌似平静的表面下暗潮涌动，汇聚成了一股股不可预测的暗流[②]。

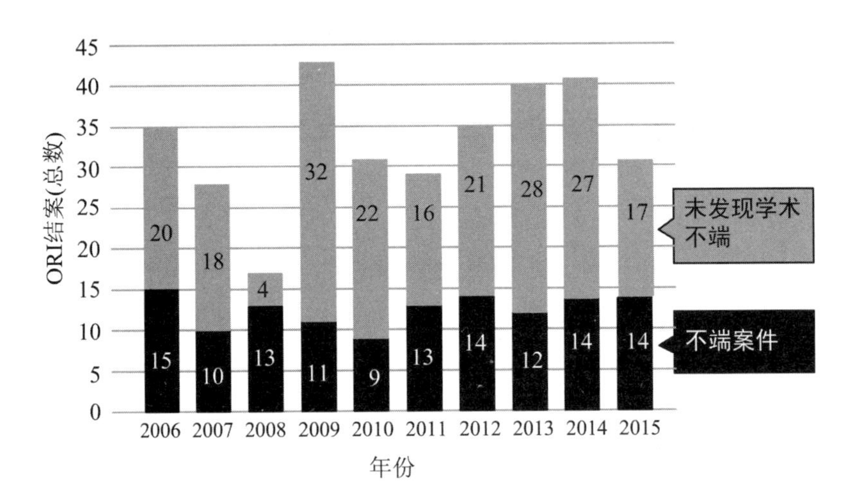

图 2.1 ORI 公布的 2006～2015 年学术不端案件查实情况

注：图表来源为《Newsletter》2017 年第 1 期（2018 年 4 月更新版），https://ori.hhs.gov/sites/default/files/2018-06/mar_vol24_no1.pdf。

二、2017 年处置“107 篇论文撤稿事件”时的学术调查

转折发生在 2017 年。这一年的 4 月，隶属著名国际出版巨头施普林格自

① 这一时期国内较为著名的案例是李连生伪造剽窃案。该案从 2007 年底受同行质疑到 2011 年科技部公告撤销奖项，经历了 3 年多的时间，媒体监督发挥了较大影响。但对该案的调查处理，主要由西安交通大学进行。（中国科学院. 科学与诚信：发人深省的科研不端行为案例[M]. 北京：科学出版社，2013：184-189.）

② 最为臭名昭著的案例则为原上海交通大学微电子学院院长陈某的汉芯造假事件，陈某从 2002 年开始使国家科技部、国家发改委、国家教育部以及上海相关部门相信他买来的 MOTO 芯片是由他自己创造发明，并在专家评审会通过了鉴定，骗取了近亿元的资金和 13 项专利，捞取了一系列荣誉称号。2006 年 1 月，经举报人揭发，经过专家调查组的工作，2006 年 5 月上海交通大学宣布调查结论和处理意见，撤销陈某院长、教授职务和职称。国家科技部、国家发改委和国家教育部分别追回资助，收回荣誉称号。（邱仁宗，曹南燕. 邱仁宗研究员和曹南燕教授关于首次世界科研诚信大会的综述及相关建议[EB/OL].（2019-03-22）[2020-07-11]. http://www.chinasdn.org.cn/xinban/kjfw/2019-10-31/2902.html.）

然出版集团旗下的学术期刊《肿瘤生物学》(《Tumor Biology》),一次性撤下来自中国学者的107篇期刊论文,在国内外掀起重大舆论风波。

中国的相关科研管理部门对该事件进行了迅速应对,突破了2007～2016年间机构主导诚信案件调查的四平八稳的窠臼,顺势形成了一种新的、超越机构的学术监督模式。即由国家科技主管部门(实际上代表国家)出面,牵头形成协调机制,对形成舆论风暴的科研诚信案件进行联合调查和统一处理。这一机制和处理原则成为后来出台的科研诚信案件调查处理规则的正式条款①。

当然,能达到这种类型或级别的学术调查案件,必须符合两个最基本的特征:一是已经形成了较严重的舆论影响,处理不当会伤及学术圈的整体形象或导致更大范围的负面影响;二是单一机构的处理因标准和尺度不一而陷入"塔西佗陷阱",得不到社会各界的认可和历史的考验,易引发新一轮的更大规模的舆情。

国内学者对于"107篇论文撤稿事件"论述颇多,不乏见地。作为当时的参与方之一,笔者在第一时间即联系了系统内有关涉事单位并给予指导,在其上报的调查报告中发现了某些疑点并进一步提出了补充调查的建议,在后续的处理中,则根据协调机制确立的统一的处理规则提出减轻处理的依据,为妥善处理涉事机构和涉案人员提供了必要的帮助。

事实上,在这一阶段,机构在大规模撤稿事件中的响应机制处于失灵状态,调查处理工作主要依靠政府科技管理部门进行统一协调,即由科研诚信建设联席会议牵头汇总各有关部门的管理制度和调查处理措施,梳理相关法律和法规内容,形成相对统一的调查处理规则,再用来指导各责任单位的调查工作和处理措施,尽量做到"类案同判"以彰显公平。

这昭示了一种全新的学术监督理念——以国家信誉为担保的政府主导模式代替了原有的机构主导模式。简单地讲,就是学术监督的范式进入了新阶段。

当然,"107篇论文撤稿事件"带来的直接后果,是全国层面的学术监督力量第一次实现了规则、调查和处理的有效联合,从而提升了国家应对突发重大科研诚信事件的能力。其成功的处理经验,为后续《关于进一步加强科研诚信建设的若干意见》等一系列制度的出台、为全国范围的联合调查机制的完善积

---

① 参考《科研诚信案件调查处理规则(试行)》第二章第5条和第三章第15条第三款。

累了非常难得而重要的经验。

2007～2017年，我国也花了10余年的时间，通过学术监督范式的转换，成功地将学术治理纳入国家信用治理的体系中，将科技领域的监督纳入国家完善治理体系和提升治理能力现代化的整体部署中。这一范式的转换客观上将我国的学术监督推进到强规制型的治理模式下，这与世界主要发达国家的诚信治理经验的趋势是较为一致的。

三、2018年两办意见指导下的学术调查尝试

2018年5月30日印发的《关于进一步加强科研诚信建设的若干意见》（以下简称《意见》），是一份不同于以往的指导文件。这部新出台的《意见》的最大特点，是为全国的科研诚信建设设计了一个自上而下、覆盖全面的责任体系，规定了从主管部门、责任机构到研究者个人在内的责任，提出了"科研诚信是科技创新的基石"的明确论断和"全覆盖、无禁区、零容忍"的学术诚信治理原则，从而一举成为一部具有开创性、基石性的文件①。

处于这一指导文件设计的责任体系顶端的是科技部和社会科学院，分别负责自然科学领域和社会科学领域的科研诚信建设，对相关领域的重大科研失范事件负有主管责任，对该领域的责任单位负有指导职责。

处于第二层次的是地方政府、行业主管部门、科技计划管理部门以及教育、卫生和新闻出版等部门。同时在这一层次中对中科院、工程院、科协等行业主管部门也提出了具体的职责要求，要求其对特定范围的科研诚信建设负责。

处于第三层次并居于核心地位的是第一责任主体——从事科研活动的法人单位，含各类企业、事业单位、社会组织等实体，要将科研诚信纳入常态化管理。这既是对过往治理经验的确认，同时也赋予其新的内涵，即诚信的治理要超越机构自身的范围。

处于第四层次的是学会、协会、研究会等专业社会团体。要求这些社团应

① 此前的2009年，科技部曾联合其他9部委联合印发过《关于加强我国科研诚信建设的意见》（国科发政〔2009〕529号），作为贯彻落实2007年颁布的科学技术进步法的细化措施，该文与2018年的指导意见相比较为宏观。（科学技术部，教育部，财政部，人力资源和社会保障部，卫生部，解放军总装备部，中国科学院，中国工程院，国家自然科学基金委员会，中国科学技术协会. 关于加强我国科研诚信建设的意见：国科发政〔2009〕529号[A/OL]. (2018-05-30)[2020-07-11]. http://keyan.zknu.edu.cn/2012/0730/c775a5140/page.html. ）

发挥自律自净功能。这在以往的制度设计中是没有出现过的。即使是现在，在《意见》文件发布已经两年多的时间里，这一层面的工作如何开展，仍然是一个亟待解决的问题。不过这倒是提醒我们，或许可借此成立一个专事学术诚信和规范研究的研究会，以增强这一领域治理的权威性、规范性和学术性[①]。

处于第五层次也是这一责任体系中的基础部分，则是从事科研活动和参与科技管理服务的各类人员，对他们提出了坚守底线、严格自律的要求。可以说，这部规范性文件对责任体系的设计，体现了对中西方关于学术诚信自律和他律要求的历史经验的充分借鉴和吸纳，又贴心地考虑了国内现有的科研管理实际和治理架构，实属用心良苦。

应当明确的是，这一责任体系各方不完全是垂直管理的关系。但这份文件之所以被称为基石性文件，即在于其把各方责任联结为一个整体并进行重新划分。而责任的划分有助于规范各方的行为，进而避免具体的科研诚信案件因被包庇或被踢皮球而陷入不了了之的境地，从而实现了学术监督的全覆盖。

换句话说，在这一体系中，科技部和社会科学院成为学术诚信的守护人，是兜底的责任人。这一体系也促使科技部利用新构建的行政管理体系，成功地切入并打破了原有的机构治理的藩篱，使得学术诚信的治理不再仅仅是一个机构、部门或一个单位、某个个人的小事，而是事关全局、事关社会信用治理和国家信誉的一件大事。

科技部很快在 2018 年根据该《意见》和新通过的“三定”方案，成立了科技监督与诚信建设司，下设诚信建设办公室、经费监管处、科技监督处等业务处室，今后还将根据新的业务需求增设伦理监管处，此为后话。

这种架构意味着国内新的学术监督范式的正式确立。以前那种以机构为主导的诚信治理时代正式翻篇了。但是新成立的司还不知道如何有效开展工作，一开始也是按照纪检监察部门的模式，对收到的具体举报案件进行转办、督办。实际上，他们还应当负有更大的责任。

这一责任中最重要的就是统一调查规则。运用统一的调查处理规则对纷繁芜杂的科研诚信案件开展调查，是体现学术监督治理体系有效运转和治理能力持续提升的终极利器。所以科技监督与诚信建设司要把这些年各机构和高校已经颁布的调查处理规则做进一步的梳理、协调并统一规范。处于这一过渡

---

① 受该文件的鼓舞，科研诚信和负责任创新专业委员会于 2020 年 4 月获准成立，挂靠全国一级学会——科学学和科技政策研究会之下，属二级协会。

时期的学术调查工作仍暂时交由主体责任单位处理，即一方面，由科技部或社会科学院监督第一责任单位开展调查；另一方面，第一责任单位调查后，将其中涉及的严重失信行为记录提交科技部或社会科学院，以形成一定程度的监督闭环。

中科院在此期间的学术调查工作，主要由院属单位完成，但也确立了依托现有组织架构设置三级管理和责任体系的治理思路，这一思路在 2019 年初得以中科院党组文件的形式印发全院执行①。

四、2019 年《科研诚信案件调查处理规则(试行)》发布后的学术调查

时间一晃就到了 2019 年 10 月。国庆节刚过，科技部网站就登出了《科研诚信案件调查处理规则(试行)》②，实际的印发时间是 9 月 25 日。就这样，这部可以统一国内学术诚信案件调查和处理规则的制度终于在千呼万唤中诞生了。国内的科研诚信治理再次迈出坚定的步伐。

《科研诚信案件调查处理规则(试行)》，是综合了国内各机构、高校的科研诚信案件调查规则的集大成者，在国内科研诚信治理中具有重要地位。其核心内容是三句话：

一是要“敢用权”，学术监督部门对科研失信行为要敢于“亮剑”。主要体现在第二章“职责分工”部分。作为一种新型的监督(调查)权，各责任单位将对七种违反科学研究行为准则与规范的行为开展调查(第 2 条)，全国将建立重大科研诚信案件的信息报送机制，科技主管部门可开展独立调查(第 5 条)，其他部门或单位对相应领域科研失信行为开展调查(第 7～9 条)。各责任单位应明确本单位承担上述职责的机构(第 10 条)。

---

① 2019 年 1 月，中科院印发科发党字〔2019〕6 号文，简称 6 号文，该文规定了院、分院和院属单位三级的科研诚信建设责任，重构了该院诚信治理的责任体系。

② 该规则为政府规范性文件，索引号 306-2019-114，2019 年 9 月 25 日发布。(科技部，中央宣传部，最高人民法院，最高人民检察院，国家发展改革委，教育部工业和信息化部，公安部，财政部人力资源社会保障部，农业农村部，国家卫生健康委国家市场监管总局，中科院，社科院工程院，自然科学基金委，中国科协，中央军委装备发展部，中央军委科技委. 科研诚信案件调查处理规则(试行)：国科发监[2019]323 号[A/OL]. (2019-09-25)[2020-06-23]. http://www.cas.cn/zcjd/201910/t20191010_4719645.shtml.)

二是要“善用权”，要让学术监督制度长出“牙齿”[1]。主要体现在第四章“处理”部分。即对各部门、各机构或高校规定的学术处理措施进行了筛选梳理，提出了10条基本的处理措施（第28条），规定了从轻或减轻、从重或加重处理的若干情形（第30条、第31条），考虑了情节判定的因素和标准（第32条、第33条），给出了联合惩戒的措施、要求和程序（第34～37条），对澄清和特定情形进行约束（第38条、第39条）。

三是要“不越权”，即严守学术调查界限，遵守相应的学术监督范式。主要体现在第三章“调查”部分。规定了科研诚信案件的五种举报方式和条件（第11条、第12条），对不予受理的四种情况进行了约束（第13条），对初核和受理的条件作出具体规定（第14条），特别规定了可以受理的三种例外情形，其中包含媒体披露的科研失信行为线索（第15条），在调查实施阶段，则对调查方案、专家组构成、谈话方式、书证收集、听取陈述和申辩、需要报告的情形、中止或终止的条件、调查报告内容和要求、办理时限等作出具体规定（第16～24条）。

除了上述核心内容，《科研诚信案件调查处理规则（试行）》还透露出以下四个特点：

一是强烈的规则意识。例如，第七章“附则”的第49条，对从轻、从重、减轻、加重处理做出了约束性规定。这一规定使得机构或高校在处理具体的科研诚信案件中，无法再回避问题或进行弹性处理。又如，第51条对各部门现有调查规则是否保留提出了“比例”原则，即调查处理尺度不能低于《科研诚信案件调查处理规则（试行）》的相关处理规定，否则应以《科研诚信案件调查处理规则（试行）》为准。

二是强化了程序正义。这体现在办理时限、调查程序、处理程序、送达程序和申诉规定等方面。也就是说，无论案件大小、轻重，文件都要求在调查处理时尊重程序、一视同仁，该有的环节缺一不可。这些规定对从事学术调查工作的人员提出了较强的专业性要求。

三是保持了透明性。这体现在被调查者阅知调查内容、通报处理和案件上报范围、事后消除影响等方面。调查过程和调查范围不仅要对被调查者保持透明，也要通过一定方式告知实名举报者；不仅对被调查单位保持透明，还要对上级监管者和国际同行保持透明。在适当情况下，对产生巨大社会舆论影响的案

---

① 侯兴宇. 让学术监督制度长出“牙齿”. 中国科学报[N]. 2019-04-15(1).

件，还要保持对社会、对公众的透明性。

四是确保了对监督权的再监督。这份文件在第五章“申诉复查”、第六章“保障监督”分别对调查权的再监督做出了相应规定[①]。应该说，这是对学术监督权的制度性约束，无论是谁，行使学术监督权时也不能任性妄为。

综上，《科研诚信案件调查处理规则（试行）》已具备了行政法规的所有规范性、权威性特征。在《科研诚信案件调查处理规则（试行）》颁布之后，全国科技管理部门、机构、高校和从事科研工作的企业，在没有制订本单位的学术调查规则或不确定自身现有的调查规则是否合乎《科研诚信案件调查处理规则（试行）》要求的情况下，应通过合规发布程序将《科研诚信案件调查处理规则（试行）》内化为本单位或企业的制度规范，完成在本单位行使学术调查权的适法性程序。

三、学术调查的法规环境展望

笔者认为学术调查的法规环境主要涉及三个问题：学术调查主体责任的适任性、合法性以及适法性。

首先是适任性。

在我国，于1992年颁布实施、2007年修订通过的《科技进步法》是学术调查工作必须遵循的法律文件。在这部法律文件的第五章第55条规定：

> 科学技术人员应当弘扬科学精神，遵守学术规范，恪守职业道德，诚实守信；不得在科学技术活动中弄虚作假，不得参加、支持迷信活动。

这是对从事科学技术工作的人员提出的基本要求。科研道德是科技工作者的职业道德[②]，科学共同体有责任对违反这种职业道德的行为加以处罚。

在第七章第70条，则对违反规定的行为提出法律责任的要求：

---

① 其中，第五章明确了两次申诉的程序和处理时限。第六章第47条规定了上一级主管部门的指导、监督权，第48条规定了科技部、社会科学院的通报与公开权和科研诚信建设联席会议成员单位的职责。

② 科研道德要求科学家要进行多次实验，在确保自己的结论具有有效性和正确性的情况下才能公布研究结果。（琼斯，乔治.当代管理学[M].郑风田，等，译.3版.北京：人民邮电出版社，2005：69.）

> 违反本法规定，抄袭、剽窃他人科学技术成果，或者在科学技术活动中弄虚作假的，由科学技术人员所在单位或者单位主管机关责令改正，对直接负责的主管人员和其他直接责任人员依法给予处分；获得用于科技进步的财政性资金或者有违法所得的，由有关主管部门追回财政性资金和违法所得；情节严重的，由所在单位或者单位主管机关向社会公布其违法行为，禁止其在一定期限内申请国家科学技术基金项目和国家科学技术计划项目。

当然，上述规定中的执行主体并非是对学术不端行为人执行调查和处理的直接责任主体。这部法律文件的总则中提到的国务院、地方各级人民政府、国务院科学技术行政部门及其他部门、县级以上地方人民政府科学技术行政部门及其他部门，其行使学术调查的主体责任并不明确。

这一状况的改善出现在2018～2019年。在中办、国办出台《关于进一步加强科研诚信建设的若干意见》和多部委联合出台《科研诚信案件调查处理规则(试行)》后，科技部设立新的职能部门——科技监督与诚信建设司，同时，地方各级人民政府设立相应的科技管理机构。上述主体适任的情况已有所改观。

其次是合法性。

随着2019年底“网传举报人”的舆论事件发酵，科研诚信建设联席会议的秘书处、国内科研诚信建设主管部门——科技部，主持召开了联合调查的协调会议。如何调查这几件涉及六位国内一线科研人员的学术诚信案件，是一桩关系所有科研人员清誉、学术监督机制是否有效运转、调查结论能否服众和能否对历史有所交代的大事。

实施调查的主体责任机构——教育部、中科院、工程院，纷纷采用新颁布的《科研诚信案件调查处理规则(试行)》，并结合自身的有关规定组建了联合调查组，对有关涉案人员进行调查。调查专家队伍主体则由科技部遴选的第三方机构专家组成。这是一次真正意义上的三方调查①。

---

①　意即涉事的三方——教育部、中科院、工程院，在科技部的主持下，由上述三家组成的调查专家组，分赴相关机构开展调查。这次调查事关三家的整体利益，没有一家可以置身事外。这也是这三家首次因为一件引起轩然大波的网络舆论事件而采取相对统一的步伐。这在以往是不可想象的。在2019年底，另一件网络舆论事件将自然科学基金委牵扯进来。这也是目前已知的代表国内科学界的主流人马。

依据规则组建的调查队伍，首先要解决的是行程保密的问题[①]。专家们事先仅知道所有被调查者的网上举报内容，但并不知道自己会被哪家选中去调查，也不知道要和谁、何时、在何地参加调查，对何时调查结束也不清楚。对于被调查者而言，他们也不清楚哪些专家要来、要查什么、要待多久。

其次要解决的是证据合规问题。专家们以何种方式、通过何种渠道了解被调查者的相关事项，获取相应的证据，对于从未从事过学术调查的专家而言，着实是一件十分困难的事情。即便按照《科研诚信案件调查处理规则（试行）》所规定的方式采集证据，也存在着采集过程是否合规、合法的问题。

再次要解决的是透明性的问题。调查内容、过程、证据、报告以何种方式让被调查者理解、获取他们的支持；同时要尊重小同行专家的意见、使调查结论在学术上站得住、立得久；还要兼顾网络舆论的不断发酵，也是一件相当复杂的事情。

事实上，在一些机构的学术调查过程中，就严格实施了保障措施，基本做到行程保密、取证合规以及调查过程的透明性。甚至在调查的过程中，为慎重起见，调查组还邀请某一学科的小同行专家到现场提供专业咨询，这种做法对最终形成客观、公正的结论起到了重要的支撑作用。

当然，对上述事件的调查，其遵循的仍然是特事特办的解决思路，并不是当前国内机构开展学术监督的常态化工作（有关讨论见文末的"处于舆论监督风暴中的学术不端处理"）。这就涉及适法性问题。

最后是适法性。

调查虽然结束，但依然存在若干未能完全解决的问题。这些问题涉及开展学术调查的法规环境，也涉及《科研诚信案件调查处理规则（试行）》的应用范围、接受程度等。处理好这些问题，对于国内下一步完善学术调查的法规环境大有裨益。

例如学术调查的合法性问题，主要表现为证据的获取方式是否合规、是否

---

① 参考杜伦大学学术调查程序中对保密性的规定。原文为：Where possible, allegations will be investigated in confidence. All those who are involved in the procedures for investigating an allegation, including witnesses, representatives, and persons providing information, evidence and/or advice, have a duty to maintain confidentiality.（Research & Innovation Services. Research Integrity Policy and Code of Good Practice[EB/OL].（2017-08-01）[2020-06-06]. https://www.dur.ac.uk/resources/research.innovation/policy/ResearchIntegrityPolicyCodeofGoodPractice1.0FINAL.pdf.）

存在法律法规禁止的情形，证据本身是否有效，是否存在调查人员自由裁量且自由裁量范围较大的问题。

又例如举报行为的正义性和侵犯公民隐私权的问题。在网络上铺天盖地地发布通过“人肉搜索”等方式得到的被举报者头像、工作单位、个人履历等信息的行为，大有未经调查即可先行判定的暗示或企图。须知这些都属于“有罪推定”，并不符合任何一类监督的规则，也直接构成对有关人员名誉的侵犯。

再例如调查期限，依照《科研诚信案件调查处理规则（试行）》有关规定，调查应在180天内结束。但因为有上级批示和督办，就压缩了整个调查的进度。经过机构自身的两级审核，汇总到科技部，再经过一轮专家评审和科研诚信建设联席会议的行政结论，最终得到调查结论，报上级审批同意，再将有关内容向社会公布。这么多的环节，被压缩到很短的一段时间内，具体到每一个案件，就会将调查过程压缩到十分局促的境地。这无论对调查组、被调查者还是专家评议组，都是一件压力满满、不容有失的工作，客观上也加大了无法确保调查的全面性和彻底性的风险。

综上，这就是国内当前开展学术调查所处的法规环境。总体而言，当前主要以行政法规和学术共同体共识约束的学术调查工作，尚缺乏充足的、系统的、互为支撑的法规体系支撑。有关法规与其他法律法规之间的界限尚未实现无缝衔接，存在需持续研究和多场景应用的较大空间。另外，对学术监督的调查队伍、执法队伍、评议队伍的建立、培训和合规执法问题应进行必要的研究论证，并使之适应上述情景。这些都是学术监督领域必须予以高度重视、加大力度研究和长远考虑的重要问题。

笔者认为，学术调查（Investigation on Research Integrity）也是一门专业的学问，也需要通过“让专业的人做专业的事”的治理思路和合法合规的治理途径进行积极有效的应对。而不能凡事都走“特事特办”的路线，更不能不主动了解新的监督范式而沉浸在过去的状态中而无法自拔。应该清醒认识到法治化是一个符合实际需要的、可预见的诚信治理思路。

此外，对学术诚信案件的判定也需要现有各监督部门之间加强沟通和协调。在笔者经历的一例案例中，举报者本人和科研诚信委员会同时认为被举报事项不属于学术监督的范围。但上一级纪检监督组织反复将其界定为科研诚信举报，要求科研诚信委员会给予答复。类似这种判定，需要在相关监督组织之间进行协调，以确定工作边界、适用条款和认定程序，同时进一步强化监督从业人员的知识培训、队伍建设和决策机制等，而不能仅仅依靠上级监督部门的指定来解决学术领域的问题。

通过网络舆论监督的方式来治理学术不端行为，则需要进一步审慎论证。在当前过度消费网络流量的背景下，“一‘曝’解千愁”的想法存有较大的隐患。有时候看起来好像实现了全民监督，做到了实时、透明。但随着举报的成本低到无以复加，所谓“造谣一张嘴，辟谣跑断腿”的情形已屡见不鲜并蔓延到所有监督领域，无形中加大了学术诚信治理的难度和复杂性。

笔者始终认为，任何一种类型的监督，如果不加约束，那么舆论的潮水来来去去，冲刷的将是信任的岸基，透支的将是诚信的理念，进而形成一种网络的“霸凌”行为。由于舆论大潮只负责引发社会关注，对于其结果如何历来是不管不顾的，因此要想真正推进学术诚信的治理，主要还需通过立法途径进行永久规范，且对网络舆论的监督作用进行必要的评估和适度的约束，保证其在学术诚信治理的监督轨道上良性运行。

第三章　学术调查过程

第一节　学术调查的基本原则

一、核心“十一原则”

根据工作实践，笔者将学术调查中涉及的原则分为十一个关键词并概括为“十一原则”。这“十一原则”涉及学术调查的最根本问题，因而属于基本原则。凡是需要开展学术调查工作的，都要考虑这其中的几个或全部原则。“十一原则”是客观性、参照系、学术优先、平衡性、一致性、互斥性、相适性、程序性、透明性、对等性和担当性。

学术调查的客观性原则是指，调查中应特别重视证据的客观性。主要包括科研原始记录、客观过程和事实、第一手的言证（言辞证据）和物证。客观性在学术调查中最为重要。通常认为要始终拿证据说话，有一分证据说一分话，不臆测、不妄断。进行合理推断时要符合科学常识、基本逻辑和相关规范，且要经过学术共同体的集体协商。例如在断定论文署名的案例中，署名人是否应当署名，要结合科研过程记录、小组讨论资料、交叉言证等具体证据，同时参考学术惯例进行综合判断①。

学术调查的参照性原则是指,调查中应特别重视当下有关行业标准、国内判断类似案例的共识和国际同行在处理相关案件时的惯例。例如,对于 FFP(伪造、篡改和剽窃),国际上一般将其视为严重学术不端。国内则依据《科研诚信案件调查处理规则(试行)》,将严重不端分为四类("FFP+")②。再如,香港大学规定在同一不端案例中,对教职员工和学生分别采取不同的调查处理措施,且对后者的处理较轻③。内地高校则依照教育部 40 号令的有关规定,以直接责任和间接责任对有关人员予以区分处理④。

学术调查的优先性原则是指,在调查中应秉持学术内容优先,在结论定性中应坚持学术标准优先。在日常接触到的部分举报材料中,我们经常发现举报者将违规违纪违法的举报内容同学术造假、抄袭剽窃混在一起。学术调查中要谨守的原则,恰恰是要围绕学术的部分开展证据的收集。对于其他不属于学术调查的部分无受理权限,应不予考虑。一个重要的原因是,相较于其他调查如司法调查、公安侦查、检察调查、监察调查、纪律调查等调查权,学术调查权及其适用界限尚存争议,故学术调查机构对其他非学术部分的证据收集既无权力也无义务。

学术调查的平衡性原则是指,一个机构的学术调查、判定中要遵循专业标

---

① This tricky issue should be discussed collectively in research units and signature recommendations included in the laboratory internal regulations. (CNRS Ethics Committee. Integrity and Responsibility in Research Practices[EB/OL]. [2020-07-11]. www.cnrs.fr/comets.)

② (一)抄袭、剽窃、侵占他人研究成果或项目申请书;(二)编造研究过程,伪造、篡改研究数据、图标、结论、检测报告或用户使用报告;(三)买卖、代写论文或项目申请书,虚构同行评议专家及评议意见;(四)以故意提供虚假信息等弄虚作假的方式或采取贿赂、利益交换等不正当手段获得科研活动审批,获取科技计划项目(专项、基金等)、科研经费、奖励、荣誉、职务职称等。(科技部,中央宣传部,最高人民法院,最高人民检察院,国家发展改革委,教育部工业和信息化部,公安部,财政部,人力资源社会保障部,农业农村部,国家卫生健康委,国家市场监管总局,中科院,社科院,工程院,自然科学基金委,中国科协,中央军委装备发展部,中央军委科技委. 科研诚信案件调查处理规则:试行:国科发监[2019]323 号[A/OL]. (2019-09-25)[2020-06-23]. http://www.cas.cn/zcjd/201910/t20191010_4719645.shtml.)

③ CHAN M Y. Reflections on Handling Research Misconduct Complaints: the Hong Kong University Experience[R/OL]. Hong Kong: 6th World Conference on Research Integrity, 2019.

④ 《高等学校预防与处理学术不端行为办法》第 24 条第二款:学术不端行为由多人集体做出的,调查报告中应当区别各责任人在行为中所发挥的作用。(教育部. 高等学校预防与处理学术不端行为办法:中华人民共和国教育部令第 40 号[A/OL]. (2016-06-16)[2020-06-09]. http://www.moe.gov.cn/srcsite/A02/s5911/moe_621/201607/t20160718_272156.html.)

准，不以被调查人的身份、地位等有所偏颇①。在一类案件中，有关判定应基本平衡，也就是司法实践中所追求的类案同判原则。在工作实践中，我们经常能看到案件调查或处理因被调查者的身份而有所不同。通常对级别更高的被调查者要采取相对高规格的调查方式和处理过程。在《科研诚信案件调查处理规则（试行）》中，也规定了针对一般人、机构负责人的处理程序，但这并不影响平衡性原则的运用。

学术调查的一致性原则是指，在学术调查过程中，对证据的采纳、结论的定性和处理建议要集体决定、协商一致。在做决策时要注意把少数服从多数的原则和重视少数或保留意见统一起来。要事先商定议事决策的原则，是票决制还是议决制，商定以后就要保持一致、不要随意变更。根据工作实践，最好的办法是在整个调查或决策过程中记录所有参与者的意见，并始终保持最充分的沟通、协商。

学术调查的互斥性原则是指，在确定学术调查的方向上，要注意区分调查内容的互斥性。在一件案例中，如果举报A抄袭剽窃B，同时又举报B为A代写，那这就是两个互斥的调查方向，对最终的处理也会有所不同。同理，举报伪造、篡改等行为，与代写、代投、代改等五不准行为也为互斥的方向，对其处理所依据的规定也不尽相同。同理，举报一稿多投，与重复发表②也属于互斥的方向，前者的责任在作者，后者的责任则属于学术期刊。

学术调查的相适性原则是指，适用科研诚信案件调查规则及相应条款、不端行为定性和相应处理应名实相符，即结论要明确、措施要相适。在工作实践

---

① 在欧盟 Recommendations for the Investigation of Research Misconduct(Handbook)的"The benefits and possible tasks of a national oversight body"中，第1条就对各国机构开展类案同判作出了要求。原文为："A national body/office may enforce or ensure that similar cases/situations are treated similarly across institutions."（Torkild Vinther. Recommendations for the Investigation of Research Misconduct[EB/OL].(2019-03)[2020-07-02]. http://www.enrio.eu/wp-content/uploads/2019/03/INV-Handbook_ENRIO_web_final.pdf.）相反的例子出现在《中国科学院对科研不端行为的调查处理暂行办法》中，其第三章"调查机构"明确规定了依照被调查者职务级别予以区分对待的调查机制。（中国科学院办公厅. 中国科学院对科研不端行为的调查处理暂行办法[A/OL].(2016-03-08)[2020-06-27]. http://www.cas.cn/gzzd/jcsj/201912/P020191220378579828995.pdf. 该文件于2020年3月被废止。）

② 此处重复发表限定为因为期刊的责任而再次发表作者的论文，不同于"作者主观上有意识实施一稿多投行为，造成了再次或多次发表"的情况。（中国科学技术协会. 科技期刊出版伦理规范[M]. 北京：中国科学技术出版社，2019：121.）

中，有的机构在调查结论中始终不肯公布存在不端行为的结论，而是工于言辞、冠之以所谓“不当”的行为。但在采取的相应处理措施中，则要么仅处以批评教育，回避处理，要么又超出了针对不当行为的处理程度。在这种情况下，上一级科研道德委员会在复议时要予以纠正。除了要求调查单位对不端行为作出定性和相应处理外，也可以根据现有处理情况追加处理或给予直接判定。

学术调查的程序性原则是指，根据《科研诚信案件调查处理规则（试行）》，每一个实施调查的责任单位都应做到对本级调查的所有环节进行流程控制，避免责任缺失。核实线索时要按照时限要求，不予受理时应告知理由，得出调查结论时要及时通报，开展复议时要遵守规则等等。即使在调查过程中发生的例外情形也要随时报告，以待下一步处理的指示。也就是要形成“接案有程序、调查有程序、评议有程序、公布有程序、修复有程序”的程序正义。

学术调查的透明性原则是指，把握好调查过程和结论中“一定程度、一定范围、一定时间、一定方式”的度，总体而言，透明性对上和对下、对内和对外、对专业人士和社会公众要采取不同的策略①。按照中办和国办有关《意见》精神，对于有严重影响的学术不端案件，应及时将调查结果向公众宣布。对于一个在机构内部范围已获知晓的不端案件，则应予以全机构范围通报。对于列入严重失信行为联合惩戒名单的，要按照后者的处理办法执行。工作中经常遇到有举报者质疑调查过程，有的甚至希望知晓每一个调查环节和进度，对此，每一个调查机构和调查人员都要保持冷静，并以审慎的态度予以回应。

学术调查的对等性原则是指，要对举报人和被举报人及证人采取对等的措施，如在对举报人进行保护时也要对被举报人的合法权益进行保护②。同时，在调查过程中，调查者和被调查者的地位是平等的，调查者不能感情用事、不能拉偏架、不能透露不该透露的内容，也不宜以先入为主的道德准则进行判断，更不宜以非直接证据对不端行为予以事先推定。此外，在作出处理决定的同时一定要主动告知被调查者相应的救济途径；在一定期限的处理措施结束后，应及

---

① 参考国科金监决定〔2018〕第 2、第 27、第 49、第 69、第 76 号，对被处理人指名道姓，但隐去其所在单位名称。第 60 号，既公布被处理人，也公布其所在单位名称，并在第 61 号中决定对单位予以通报批评。上述处理展示了不同程度的透明性。（国家自然科学基金委员会监督委员会. 2018 年查处的不端行为案件处理决定[EB/OL]. http://www.nsfc.gov.cn/Portals/0/fj/fj20190213_01.pdf.）

② 《科研诚信案件调查处理规则（试行）》第 45 条规定，调查处理应保护举报人、被举报人、证人的合法权益。

时按程序撤除相应措施并告知被处理人。

学术调查的担当性原则是指，各级调查主体对不端行为的调查应有所担当[①]。既不以主观认知不足而忽视学术调查的必要性，进而得出不符合客观实际的结论，也不以客观条件发生改变而放弃学术调查的正当性，不启动本应该启动的调查。而对于那些初次发生或极其轻微的学术不端行为，更应给予及时提醒并指出补救措施，而不是静观其变、任由发展从而导致小错铸成大错[②]，最终造成无可挽回的损失。

应当承认，由于笔者的学术水平有限，上述对学术调查原则的论述不一定客观、全面，有关划分也未必准确。笔者会结合工作实践不断进行修订完善、总结提炼，以符合学术调查工作的客观实际。

二、准确把握学术不端行为的种类和定义

国际同行对学术不端的定义存在基本共识，但对其分类却不尽相同。美国ORI倾向于将伪造、篡改、抄袭剽窃（即俗称的FFP行为）作为严重不端行为，其处理也主要围绕这三种行为展开[③]。美国的研究机构或高校一般援引该定义作为本单位处理学术不端行为的指导原则[④]。在ORI公布的一些严重不端案例中，上述三种不端行为又被称为学术欺诈，必要时直接采用法律手段予以处理。在全欧科学院发布的新的关于科研诚信的准则中，事实上也接受了这一观点，即认为这三类失信情形极其严重，歪曲了研究记录[⑤]。同时，也列举了其

---

① 《科研诚信案件调查处理规则（试行）》第3条规定，任何单位和个人不得阻挠、干扰科研诚信案件的调查处理，不得推诿包庇。

② 姜洁.用好“四种形态”旨在治病救人[N].人民日报，2016-05-03(17).

③ Office of Science and Technology Policy. Federal Research Misconduct Policy[EB/OL].(2000-12-06)[2019-11-09]. https://ori.hhs.gov/federal-research-misconduct-policy.

④ 例如伯克利大学（Research Misconduct[EB/OL].(2013-03-06)[2020-01-09]. https://vcresearch.berkeley.edu/research-policies/research-compliance/research-misconduct.）和纽约大学（Principles and Procedures for Dealing with Allegations of Research Misconduct[EB/OL].[2020-01-09]. https://www.nyu.edu/about/policies-guidelines-compliance/policies-and-guidelines/researchmisconduct.html.）。

⑤ 原文为：“These three forms of violation are considered particularly serious since they distort the research record.”（Allea. The European Code of Conduct for Research Integrity[EB/OL].(2017-05)[2020-01-09]. https://www.nyu.edu/about/policies-guidelines-compliance/policies-and-guidelines/researchmisconduct.html.）

他如操纵作者署名顺序、自我剽窃、选择性引用、夸大研究成果等 13 种不端情形。英国杜伦大学将学术不端行为分为六大类共 23 种情形[①]。

国内学者对学术不端行为的分类也众说纷纭。浙江大学杨卫院士就指出有 14 种科研不端的行为。中科院监审局杨卫平局长则将学术不端分为 20 种。中科院文献情报中心袁军鹏研究员整理了各个部委及机构规定的 41 种描述不端行为的用语。上海神经所蒲慕明院士则提醒学界除了不端行为,更要关注那些处于灰色地带的不当行为。

在科技部等部门 2019 年 9 月出台的《科研诚信案件调查处理规则(试行)》中,列出了七类不同的科研不端行为。同时将伪造[②]、篡改、抄袭剽窃、买卖代写论文、弄虚作假获得科研活动审批等作为严重不端行为对待。这是审慎参考了国际上通行的规则和国内的学术监督实践得出的符合国内学术调查实际的判断。

综上,笔者认为,当前国内对学术不端的分类不宜过细。应考虑到美国 ORI 重点处理归属于 FFP 的不端行为,是基于长期学术调查实践的经验总结,具有相当程度的参考价值。而其余学术不端行为,细细考察起来,似也可不同程度地归入 FFP 范畴。因此,应主要从是不是、严重与否的角度切入,来对当前的学术不端行为进行分类。

第一种是严重学术不端行为:有四类——伪造篡改,抄袭剽窃,买卖、代写、代投论文,弄虚作假获取项目、荣誉和利益。前三者也就是国际同行公认的 FFP 行为。

伪造指在科研活动中以不存在的事实(如数据记录、实验结果、引文注释、授权许可、作者身份等)替代真实发生的科研结果的行为。篡改指在科研活动中对真实发生的科研结果进行改动、修饰、加工、隐匿、曲解等行为。

---

① 英国杜伦大学规定了六类不端行为,分别是造假、篡改、剽窃、虚假陈述、不当管理导致的数据和基本材料缺失以及违反注意义务(Fabrication/Falsification/Plagiarism/Misrepresentation/Mismanagement or inadequate preservation of data and/or primary materials/Breach of duty of care)等。(Research Integrity Policy and Code of Good Practice[EB/OL]. (2017-08-01)[2020-06-06]. https://www.dur.ac.uk/resources/research.innovation/policy/ResearchIntegrityPolicyCodeofGoodPractice1.0FINAL.pdf.)

② 英文为"Fabrication",此处单指学术上的造假行为。当然在实际的案例中,并非所有伪造行为都是学术不端行为,例如伪造"公章",即属于法律禁止的范围,对该伪造行为的调查应由司法机关执行。

抄袭剽窃指使用他人的科研数据、资料、文献、注释时未标明出处，或未经授权复制、引用、扩散属于他人全部或部分学术成果和重要的学术思想、观点或研究计划，或以间接引文的形式占有他人的全部或部分学术成果的行为。

买卖、代写、代投论文。买卖论文指参与论文的买卖行为。代写、代投论文是指在不符合署名规范的情况下，由他人或者替他人撰写、修改、提交论文，回应评审意见等行为。

弄虚作假获取项目、荣誉和利益，指在科研活动中，研究者提供虚假或不实的科研经历、个人履历、资助信息、所获荣誉、同行评审等信息进行误导，或在申报科技项目、奖励过程中，虚构或夸大立项依据、研究成果等行为，或在上述行为中隐瞒重要信息以获取不当利益。

买卖、代写、代投论文实质上属于伪造。弄虚作假获取项目、荣誉和利益本质上属于伪造或篡改。

第二种是轻微学术不端行为：有三类——不当署名、一稿多投或重复发表、未声明利益冲突。

不当署名指未参与科研实践过程而在科研成果中署名的行为，包括荣誉性、馈赠性、照顾性和交换性署名以及未经本人同意而被署名。也包括仅提供资金支持、一般性项目管理、语言润色、后勤保障等而要求署名和未经协商一致而排除他人署名权利的行为。

一稿多投或重复发表。一稿多投是指研究者未按照学术惯例或期刊约定的再投时间，同时或先后将学术论著向两种或两种以上期刊投稿的行为①。重复发表是指在出版机构未知情同意的条件下，研究者在不同出版机构上发表本质上相同的科研成果或在同一出版机构先后发表同一科研成果的行为②。

---

①　如果期刊没有事先说明或与作者约定，则可按照《著作权法》第33条“著作权人向报社、期刊社投稿的，自稿件发出之日起十五日内未收到报社通知决定刊登的，或者自稿件发出之日起三十日内未收到期刊社通知决定刊登的，可以将同一作品向其他报社、期刊社投稿”规定的时间实施投稿行为。

②　此处仅将重复发表约束为基于作者主观错误或故意而导致的重复刊发行为。因期刊原因导致的重复发表，期刊承担责任，作者不承担责任。但《著作权法》第22条第十一、第十二款规定的情形除外。

上述行为也可归为伪造或篡改或剽窃(含自我剽窃)行为[①]。

未声明利益冲突指研究人员在维护科研活动的客观性和公共属性时,未及时声明其研究结果与资助方的关系及可能带来的潜在利益,致使国家、本单位、其他资助者、公众的现实或潜在利益受损的行为。

第三类是不当行为:有三类——故意干扰或妨碍他人研究、未公正评审、违反科研伦理规范。

故意干扰或妨碍他人研究指在科研活动中,故意损坏、强占、盗取或扣压他人研究活动中必需的材料、设备、文献资料、数据、软件或其他与科研有关物品的行为。

未公正评审是指在项目评审、人才评价、机构评估过程中,科技评审、评估、咨询人员未恪守公平公正立场,投感情票、单位票、圈子票,或故意干扰他人做出公平公正判断的行为。

违反科研伦理规范指在涉及人体、动物、植物和微生物研究及环境保护等科研活动中,未经伦理审批或未按批准范围实施的违反该领域伦理规范的行为。包括但不限于被试者不知情、滥用药物、虐待、强迫、污染环境和因管理不善导致的实验样品扩散等。这类行为目前处于“灰色地带”,在查证、定性和处理中,存在不同的认识,故不宜直接定性为学术不端行为。但若不加注意防范,上述不当行为也会逐渐发展为不端行为。

第四类是其他不端行为,包括国家法律、各部委规定和行业规范有明确认定并进行处理的行为,以及其他违背科学共同体公认的价值准则和科研诚信规范的行为。

此类行为应结合具体的情节由学术委员会或实施调查的专家组集体讨论后予以认定。例如考试作弊,属于发生在特定场景内的违规行为。对此类行为的处理,适用特定场景的规范。

此外,需要时刻注意的是,判定是否为科研不端行为,应对当事人的主观态度加以仔细甄别,按照当事人在实施前是否故意,在实施过程中是否知情,在实施后是否试图获得利益等进行综合判定。

---

① 自我剽窃同《著作权法》中第10条第六款规定的“复制权”不同。后者是指“以印刷、复印、拓印、录音、录像、翻录、翻拍等方式将作品制作一份或者多份的权利”,在行使这一权利时,行为人未改变原作品的原貌。而自我剽窃的最主要特征,即通过不加注明的方式更改了原作品的原貌,使他人误认为更改后的内容是全新的或不同的内容。

按照学术界共识,"诚实的错误"和不同学术观点不列入学术不端[①]。在国际医学期刊编辑委员会(ICMJE)的网站上,也提出将"诚实的错误"归入"科研和出版的一部分",且需要期刊和作者共同对这种"事实上的错误"予以纠正[②]。即便被编辑部撤稿,也可能会将因错误较为严重而导致结果不可靠或结论需要修正的论文重新出版以"替代"原有论文[③],以完成科学发现和负责任研究的过程。此外,期刊还可采用发布"关注声明"的形式,向读者提示风险[④]。无论如何,即使是后一种情况下,仍然可能存在"诚实的错误"的情形。

综上,以上分类总体上应服从于《科研诚信案件调查处理规则(试行)》中规定的七种科研不端行为的界定。各机构对学术不端行为进行分类,是学术调查工作进一步走向专业化的具体表现。科学的分类非常有必要,有助于调查人员准确判定不端行为的性质和严重程度,有助于得出公平、公正的调查结论并采取若干相应的处理措施,这对于当下实施的诚信治理实践是大有裨益的。

三、正确认识学术不端概念的历史性

在思想史上,中外的先哲们都有一种普遍的智慧——反求诸己。意即凡事先从自身寻求解决方案。我们对于学术不端行为的认识也是如此。学术不端的概念有其历史性,学术不端问题更有复杂性,在当前研究学术不端的理论和

---

① Research misconduct does not include honest error or differences of opinion. (§93.103, 42 CFR Part 93). (Research Misconduct[N]. Federal Register, 2005-03-17(III). Revised: November 19, 2018.)

② 原文为:Honest errors are part of science and publishing and require publication of a correction when they are detected. Corrections are needed for errors of fact. Corrections, Retractions, Republications and Version Control. (Correction and Retraction Policies[EB/OL]. (2019-12-17)[2020-01-09]. https://authors.bmj.com/policies/correction-retraction-policies/.)

③ 原文为:Errors serious enough to invalidate a paper's results and conclusions may require retraction. However, retraction with republication (also referred to as "replacement") can be considered in cases where honest error (e.g. a misclassification or miscalculation) leads to a major change in the direction or significance of the results, interpretations, and conclusions. (Corrections, Retractions, Republications and Version Control[EB/OL]. (2019-12-17)[2019-11-09]. https://authors.bmj.com/policies/correction-retraction-policies/.)

④ 更正论文的三种类型:勘误、撤稿及关注声明。(中国科学技术协会.科技期刊出版伦理规范[M].北京:中国科学技术出版社,2019:121.)

实践问题又非常具有紧迫性。

所谓学术不端概念的历史性，是说这些概念的形成有一个历史过程。按照马克思主义的立场、观点和方法，我们不能以当下的眼光过于苛责以前的人。前人身处的那个时代，自然有他们需要面对和解决的问题，也会承担因为认知有限带来的错误。这是一种实事求是、负责任的态度。然而，在学术监督领域，对于概念历史性的讨论将会深刻地影响我们对于科研不端行为及其定性和处理的理解。

在我国，曾有一段历史时期，一稿多投是被鼓励的。即使到了现在，一稿多投是否属于科研不端也有不同的声音①。本书将其归类为轻微的科研不端就是因其在学术界有一定的争议之故。学术界的争议，主要是基于学术作品的作者的人类属性同期刊杂志集团的利益之间的冲突。然而当前的环境则是期刊的强势天下，自然不容许一稿多投的杂音。

因此在处理一稿多投的时候，既要审视投稿人是否参考了著作权的有关规定，或是否在期刊默认的约定时间之内将稿件投给了另外一个或更多的期刊，又要审视所投稿件是否属于不同语言之间的转换翻译问题，更要审视期刊编辑部对稿件另投的具体要求和作者的声明。

又比如馈赠性署名问题。至少在20世纪40～60年代，馈赠性署名甚至是学术界的一桩美谈②。直到20世纪80年代，馈赠性署名仍然是学者们之间的一种无伤大雅的做法。但当下，未作出实质性贡献而接受馈赠和主动馈赠署名，均被视为一种学术不端行为③。

---

① “作者急于发表和刊物的出版周期太长而又不实行退稿制，从而导致一稿多投。”（蒋霞玲.一稿多投的思辨与界定[J].长江大学期刊社，2006，8(5)：133.）

② 科学史上有一则著名的馈赠性署名的案例。1948年，伽莫夫和其学生阿尔法合写了一篇关于宇宙热的早期图像的论文，为使论文产生轰动而不失幽默的效应，伽莫夫说服另一科学家贝特在论文上署名。于是该论文发表时的署名顺序为“阿尔法、贝特、伽莫夫”，正好类似希腊字母开头的三个字母：α，β，γ。这篇论文阐述的预言在1965年被彭齐亚斯和威尔逊证实。（霍金.时间简史：从大爆炸到黑洞[M].许明贤，吴忠超，译.长沙：湖南科学技术出版社，1996：111.）

③ 在中科院于2018年发布的《关于在学术论文署名中常见问题或错误的诚信提醒》中，就指出“应遵循学术惯例和期刊要求，坚持对参与科研实践过程并做出实质性贡献的学者进行署名，反对进行荣誉性、馈赠性和利益交换性署名”。（中国科学院科研道德委员会.关于在学术论文署名中常见问题或错误的诚信提醒[EB/OL].（2018-04-24）[2019-11-09].http://www.jianshen.cas.cn/kyddwyh/zdgf/201812/t20181221_4674529.html.）

再比如引用问题。在早年的著作中，只列参考书目是一种基本的规范（相对于不列参考书目的情况），但在当下，一旦引用重要学术观点，就要及时标注较早提出者和具体年代等信息。如果因引用而未标注出处被同行发现，则抄袭剽窃的帽子就一定会找上门来。如果是未经允许使用了某个实验结果或基于该结果的数据、图片，特别是在这种结果尚未正式发表的情况下，则也很大可能会被认为是剽窃。

上述这些情况也表明了处理学术不端行为时需要考虑的问题复杂性。对于复杂性，还表现在机构往往是好心办坏事。出于维护自身形象或历史声誉的本能需要，机构通常会在第一时间为不端行为人辩护，诸如年轻、正处于申报某荣誉的关键阶段、非主观过错等，希望能网开一面。这种护短心态经常导致事件不能及时、公正地处理，一些被延后处理的事件则在之后另一个场景下再次被爆出。最终不仅不端行为人自身荣誉和事业受到损失，实施“保护”的机构最终也无法幸免。

另一种复杂性表现在学科特色。就笔者所知，一般而言，根据作者贡献和所属学科领域不同，有多种署名方式[①]。某些学科甚至规定凡是参与研究过程的人员均有署名权。在一例因为涉嫌测试数据造假的举报案中，某从事高能物理研究的实验室从保护测试人员学术生涯的角度出发，对该实验室一直遵循的署名惯例进行了必要的变更，重新修订后的实验室署名规则规定，今后所有参与测试的人员仅接受文章作者的致谢，而不再接受在文章中署名的安排。

上述案例同样也反映出科研不端概念的动态变化。在国内通常会遇到这种情况：一些学者忽视了概念的动态性和历史性，仅仅从当下的现状和既定的不端概念出发，得出有关机构未能遏制不端行为蔓延的极度悲观的结论，对于学界频发的学术不端行为表示较大愤慨和极度不满，对于一时不能解决的重点学术不端案件表示极其失望。这些学者们的认识虽有贯彻“零容忍”的意义，但同时也应看到其方法上犯了激进主义和悲观主义的错误。

事实上，欧美学界通过多年的努力，也发现教育和惩戒应当并行且教育要先行，而并非单纯强调惩戒在科研诚信治理中的基础性作用，因而相应的教育培训活动非常密集。科研诚信教育培训问题在历届世界科研诚信大会也都是

① 按照贡献大小顺序排名、“三夹板模式”排名、按照作者贡献大小排名的同时标示作者贡献声明（Author Contribution Statement 简称 ACS）、以作者姓名字母排序。（朱大明. 关于制订“合著论文作者贡献声明与署名规则”的探讨[J]. 中国科技期刊研究，2016，27(7)：698-699.）

重要议题[1]。国内的情况也反映出这种认知。从近些年发生的学术不端案例看,不知道、不了解相关规则的情况非常普遍,年轻学者们对开展相关规则培训的呼声很高,需求很紧迫。作为从事科研诚信治理研究的学者,应竭尽所能与监督管理者开展合作,共同实施相应的教育培训,把相关规则及其变化情况尽可能告诉所有的研究者,以便在应对科研失信行为的工作中形成最大程度的合力。

笔者结合工作需要,先后到所属系统近半数的机构开展过宣讲教育,两年来受众合计近 3000 人。也先后邀请业内同行到院属机构做讲座,收效明显。笔者始终认为,抓住了教育这个环节,就抓住了改善学术风气的先机。而既然是教育,就应该把概念、历史、规则、边界和案例都给大家讲清楚、讲透彻。而不是一上来就痛心疾首地进行各种指责,也非时时拿出处理过的案例来吓阻人,更非将惩戒强调为学术诚信治理的重心。

如上所述,一个科研诚信案件的调查者从一开始就要关注不端概念的历史性、复杂性和开展科研诚信教育的紧迫性,以形成完整而全面的学术诚信治理的整体认知。当全社会的舆论、政府机构的关切、学界的声音都聚焦到要求进行一场暴风骤雨式的变革时,作为具体从事不端行为调查的一线人员(尤其是科研诚信专员们)一定要冷静对待、沉着应对,进而坚守专业,公平公正地行使学术监督的权力。

这种现状客观上对本领域科研诚信专员们提出了专业性、综合性、多样性的更高要求。或许,在今后的迎击学术不端行为的战场上,科研诚信专员将被赋予独特的使命,而其居于学术诚信治理关键地位的角色也会因时代需要和工作实绩而大放异彩。

[小贴士:应重视教育培训在学术调查中的作用]

要想推进学术调查工作的科学化、正规化,就需要开展大规模的培训,建成一支专业化的调查队伍。在这方面没有什么可以质疑和犹豫的。科技监督主管部门应该拿出专门的精力来考虑这件事情。因为:

当前的学术监督队伍是参差不齐的。许多转隶过来的成员其学术背景、工作经历都不足以支撑专业化的学术调查。企图通过行政手段、专家判断来决定所有事项是有风险的。只有尽可能开展大规模培训,才能以极小的成本锻炼出

---

① 孙平.世界科研诚信建设的动向及其对我国的启示[J].国防科技,2017,27(7):31.

一支称职的学术监督队伍来。

学术监督的目的不是为了抓几个典型。维护风清气正的学术环境是监督的本质。所以各级监督者不能总是想着去办几个案子、抓几个典型，须知这是舍本逐末的、较为肤浅的行为。如果不把造成学术不端的根本原因找到并告知研究人员，那所谓的监督无非是催生了又一种新的职业而已。

要用好学术、行政两方面的资源。许多学者在学术诚信方面有较深入的研究，目前，也成立了专业的学术诚信研究会，这方面的资源正在国内聚集。另一方面，一些科研机构在防止学术不端中积累了较多的经验，可以对其他机构形成较强的带动作用。用好这两方面的资源，对于推进国内的学术监督事业大有裨益。

要加强案例的总结和研究。科技主管部门、机构、高校都要加强学术不端案例的研究。一件典型的学术不端案件被处理后，不要急着翻篇，而要组织专门力量对其成因、表现形式和后续的处理进行研究和总结。也可以邀请专门从事学术诚信工作的学者对此开展研究。之后，将研究的成果原原本本告诉所有从事学术工作的人，引以为戒。

第二节　调查组的启动、组成和运行

一、触发条件和启动步骤

（一）前期处置

实际上，很多机构在处理举报时，忽略了第一步的工作，即被称之为“前期处置”的工作。前期处置是如此重要，以至于处理不好就会影响到后期各个环节的工作。

这是因为，第一，前期处置的时间，是算在整个调查过程的时间区间里的。某些机构有时会无法及时处理案子，个别案件甚至拖了一年半载还未进行处理，这些举报件通常藏在监督人员或有关负责人的抽屉里。这种情况在以前的确经常发生，被俗称为“养案子”。但今后出现这种情况的机会将大幅减少，且会被追责。第二，前期处置的过程，是对举报中相关线索进行初次分类，即判断举报内容属不属于学术不端方面的举报，或者是非学术违规行为的举报，以便开展下一步的工作。第三，前期处置的结果，就是诚信档案预立卷的开始。而对于监督工作而言，形成工作闭环是保持监督效力的关键所在。因此，在学术监督中，这些基础性的工作绝不可忽视。

根据工作实践，建议各级学术监督机构在收到科研不端行为的投诉举报后，按下列四个步骤分别进行前期处置：

(1) 登记备查：对举报件进行编号、登记，建立档案预立卷，并将登记结果报上级机构备案。如果本单位运用了诚信信息系统，则应在第一时间录入系统备查。

(2) 分类处理：核实举报人和被举报人信息，核实举报线索，决定是否受理。经核实无关的线索，报部门负责人审批后可转至其他部门处理或直接了结。

(3) 方案报批：对于受理后的举报，应起草详细的调查方案，报本级机构分管负责人审批，为后续启动调查做好准备。

(4) 反馈回复：根据审批结果，及时通过电话、网络系统、电子邮件、口头或书面方式，向实名举报人反馈受理情况。

前期处置绝不是可有可无的程序。科研诚信案件前期处置如图 3.1 所示。这一阶段的工作是学术调查过程的起始点，也是科研诚信回复工作的起始点。如果在这一环节，有关举报迟迟得不到处理，不仅会影响案件自身的调查，也会影响相关部门对科研诚信回复的需求。在日常工作中因为不及时处理导致调查延误、诚信回复无法作出的现象比比皆是。

以笔者所在机构而言，在 2017 年以前，并未设立涉及全院的独立处理科研诚信案件的部门。在 2017 年中以后，则专设科研诚信岗位，使所有科研诚信案件得以单独管理、独立受理和调查，大大提高了工作效率。确保本系统科研诚信治理迈出坚实一步，应该说，这得益于主管领导的高度重视和从业人员对科研诚信工作的专业追求。

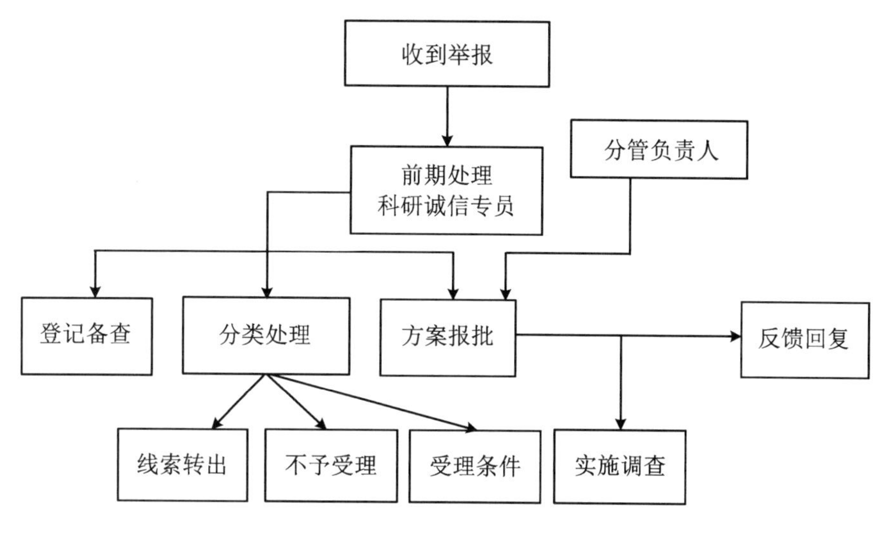

图 3.1 前期处置示意图

注:分管负责人在前期处理时一般不必介入,仅对符合受理条件且形成调查方案的案件实施审批,但同时应定期听取诚信专员对案件分类处理的报告,以便行使监督和指导职责。

[思考题 1:下面这种情形应予受理吗?]

在一篇撤稿论文中,署名第二、第四的作者均承认对该论文不知情,属于被动署名。

初步核查发现,第一作者在论文投稿前曾和第二作者联系过并希望后者在论文中署名。第二作者向调查人员表示并没有同意该要求,但拿不出实质性的证据。第四作者向调查人员表示,第一作者和自己是曾经的恋人关系,但自己对被署名之事一无所知。

第二、第四作者均表示未将该论文用于申报项目、奖项、荣誉和获取其他利益。

作为学术监督部门,你认为应该受理该举报吗?如果受理,该如何处置,如果不予受理,理由又是什么?

(二) 受理的四个条件

一是符合《科研诚信案件调查处理规则(试行)》第 2 条规定的,或在本机构有关细则中补充的,被举报对象属于本机构或系统内单位的实名举报。这一条主要是看人在哪。

二是在本机构职责权限范围内①、举报线索具体且可查性较强的匿名举报。这一条主要是看能不能查。

三是上级转办、交办,其他机构移交的线索。这一条主要是被动式调查。一般不以匿名、线索不具体、不具备办理条件等理由拒绝调查,尤其是上级交办的情况较为紧急的线索。

四是媒体披露、期刊撤稿、监督检查中发现的线索。这一条主要看本单位对此种类型线索的处理机制。如果没有相应的机制,机构应主动制订措施、建立机制,对接《科研诚信案件调查处理规则(试行)》第 15 条第三款的规定。对于那些已经形成网络舆情的线索,更要遵循黄金 4 小时的网络传播规律予以迅速应对。

(三) 不予受理的情形

(1) 不属于本机构职责权限范围内的举报或申诉。

(2) 无具体线索或可查性不强的匿名举报或申诉。

(3) 其他非科研不端行为的举报或申诉。

(4) 属于不同学术观点的举报或申诉。

(5) 已有调查结论、无实质性新线索和新证据的重复举报或申诉。

[思考题 2:下面这种情形应予受理吗?]

在一则实名举报期刊论文作者署名不当的案例中,第一作者对署名作者之一进行举报,指其没有贡献而署名,是学术不端行为。该举报以邮件和纸件方式同时投递到上一级机构负责人和期刊编辑部。

编辑部在回复意见中表示,要征求论文通讯作者同时也是团队负责人的具体意见。机构负责人则在回复指出,举报者存在较严重的精神疾病。

作为学术监督部门,你认为应该受理该举报吗?如果受理,该如何处置,如

① 例如《国家自然科学基金条例》在相关法律责任章节中,规定了若干具体条款。(国务院. 国家自然科学基金条例:中华人民共和国国务院令第 487 号[A/OL]. (2007-02-24)[2020-02-09]. http://www.gov.cn/gongbao/content/2007/content_571565.htm.)在《对科学基金资助工作中不端行为的处理办法(试行)》(2005)中,约定了适用情形:在科学基金申请、受理、评议、评审、实施、结题及其他管理活动中发生的不端行为,归基金委受理、调查并作出相应处理。(国家自然科学基金委员会监督委员会. 对科学基金资助工作中不端行为的处理办法:试行:2005 年 3 月 16 日国家自然科学基金委员会监督委员会第二届第三次全体会议审议通过[A/OL]. (2005-03-16)[2020-02-04]. http://www.nsfc.gov.cn/nsfc/cen/00/its/nsfc990916/20050526_001.html.)

果不予受理,理由又是什么?

在思考题2中,编辑部的回信实际上指出了,论文署名的问题主要由团队负责人(在该举报中是通讯作者)来确定并提出修改建议。包括第一作者的署名贡献,实际上是所有作者均知情同意的结果。因而对署名的异议应综合考虑所有作者的意见来判断。

对于学术监督部门,该案例可以以举报人患有较严重的精神疾病作出最终对该举报不予受理的结论,即举报者本人不可靠。但仍有一定的风险。主要表现在两个方面:一是这种精神疾病是否有医学上的证明?二是被举报者的问题是否会被有意无意地忽略了?上述不予受理的处置,属于被动处理,而不是主动出击,无形中就失去监督的意义了。

[思考题3:下面这种情形应予受理吗?]

在一则实名举报的案例中,举报者对被举报者的学术观点进行了驳斥,指出其使用有关科学数据中存在的错误,怀疑其有意忽略相反方面的证据,并进一步质疑其学术结论的客观性。

初步核查发现,举报者和被举报者在对某一处古代文明遗迹的研究中,对该文明灭亡的成因提出两种观点,一种为遭受突发洪水侵害而灭亡,一种为遭受强烈地震灾害而灭亡。

作为学术监督部门,你认为应该受理该举报吗?如果受理,该如何处置?如果不予受理,理由又是什么?

这是一则典型的学术争议类举报。在实际工作中,碰到这种情况的概率非常大。科学研究的最重要依据就是各种证据,这些证据可重复验证、能被同行认可。当然针对年代久远的考古学发现,要综合考虑运用科学手段,根据文献记载等多方面综合判定。在此基础上,基于切入视角不同,有不同的学术观点也属正常。因此这类举报一般不宜受理,即使受理也应组织小同行专家进行评议,不必进入实质性的调查流程。

当然还有另一种情形。在科研不端行为举报者中,有一个群体非常特殊。他们是民间的科技爱好者,长期浸淫在一些基础理论的命题中,举报目标也往往是那些活跃在基础领域中的知名学者,通常是拥有院士头衔的一类人物。

对于民间科技爱好者的举报,学术监督机构往往以上述第四种情形为由进行处理。这在一定时期有其合理性,主要是不伤感情。但随着举报人执着地长期进行举报，似更应以积极主动的态度予以应对。由于这类举报往往是实名的，举报人会提供联系方式甚至家庭住址等私密信息，希望被举报对象、机构或媒体能与其联系，共同讨论。对于这种举报，单纯以学术观点不同(Different Opinion)等缓兵之计不能解决其本质诉求。

仅有质疑或观点而无具体举报事项时也不用受理。例如针对国内某知名科学家在一次演讲中关于“灵魂”的提法提出质疑和反驳。或对某著名实验结果，如中微子的第三种震荡模式、中微子的数量提出怀疑进而提出另一种算法。上述两种情形因为未能提出具体的举报事项和可靠的证据，因此不能看作对科研诚信的举报，可不予受理。

(四) 初核

在《科研诚信案件调查处理规则(试行)》中，规定初核由2名工作人员进行，对可能涉及违背科研诚信规则的行为线索进行初步查证。结合工作实践，该规则所指称的初核应包括以下内容①：

基本信息1：真实性问题，包括：被举报人信息(单位、身份、职务、职称、荣誉、联系方式)，相关线索来源(实名或匿名，交办、转办或自收，是否重复)，涉案人及其关系(合作者、团队有关人员，同事和学生)信息等。

基本信息2：是否具备可查性问题，包括：举报的方向(造假、篡改、剽窃或其他)，线索涉及的内容(如论文、专利、证书、合同)，线索发生的时间(数据时间、机构时间)等。

基本信息3：紧急程度如何，包括：是否上级交办或其他部门转来，是否要求限期回复；是否有领导批示要求，需要及时办理或回复；是否由其他部门转来，请求尽快回复等。

工作人员应将上述情况进行综合分析，一一列举有关条件，具文报至部门负责人裁决是否立案进行调查。如果部门负责人认为理由不充分，需要补充材料后再定时，应再进行研究并及时补充材料，然后重复上述程序以进行至下一步工作。

需要指出的是，由于《科研诚信案件调查处理规则(试行)》并未设置初步调

① 在《科研诚信案件调查处理规则(试行)》中，将初核的结果作为是否受理的必要条件。初核的内容主要围绕规则第12条和第13条进行，即是否满足受理条件。这不同于其他监督过程中的初步调查，后者属于调查过程，而此处初核属于受理过程。

查环节，故此处所述的初核，和其他监督体系中的初核不同，即在于其初核的范围和结果应用大大扩展，将一般情况下的初步调查（Preliminary Investigation）或非正式调查（Informal Investigation）程序进行了合并处理，兼具初步调查的功能。这也不同于国际同行中的经验，在国际同行的学术调查程序中，一般将调查分为非正式调查和正式调查两个部分①。国内的纪律监督和监察监督等则对调查阶段的初核内容进行限定并同初步调查区别开来，初核是初步调查的前期准备阶段②。

《科研诚信案件调查处理规则（试行）》的特色就在于合二为一，取消了一般意义上的初步调查，同时压实了初核的责任内容，使之具备了一定程度的学术判断，以堵塞监督机构以种种理由拖延推诿的漏洞。同时，将重头戏放在正式调查中，对于符合受理条件的科研诚信案件，一旦受理即组织正式的学术调查，从而最大限度地体现了学术调查的专业性和严谨性。

这就要求初核工作在程序完备的前提下，应保持最大程度的专业水准。也就是说，学术调查的初核工作，从一开始就具备了学术评议的基本功能。这种基于学术判断的初核阶段设置，正是该规则在制订中兼顾原则性和灵活性所体现出来的特点之一。看不到这一点，就不能真正理解《科研诚信案件调查处理规则（试行）》关于调查程序的规定。

需要注意的是，在学术调查的初核阶段，一般不进行异地初核。这是考虑到学术监督队伍的人手不足和控制监督成本的现实要求。此外，一般也不对年代较为久远的事件进行初核。这是因为除了核实起来难度较大以外，原始数据的保存也可能存在一些问题③。

---

① 杜伦大学调查程序分为非正式调查（Informal Investigation）和正式调查（Formal Investigation）两个阶段。在第一个阶段，被举报者有机会进行自我澄清。（Research Integrity Policy and Code of Good Practice[EB/OL].（2017-08-01）[2020-06-06]. https://www.dur.ac.uk/resources/research.innovation/policy/ResearchIntegrityPolicyCodeofGoodPractice1.0FINAL.pdf.）

② 《中国共产党纪律检查机关监督执纪工作规则》在第六章对初核进行了专门论述，对初核结果的应用也给出了不同的指导性规范。在初核阶段之后，更规定了审查调查和审理两个阶段的具体规则。（中共中央办公厅. 中国共产党纪律检查机关监督执纪工作规则[A/OL].（2019-01-01）[2020-06-06]. http://www.ccdi.gov.cn/fgk/law_display/6393.）

③ 欧洲科学基金会规定数据保存期为10年。（欧洲科学基金会关于研究和学术领域科学行为规范[EB/OL].（2012-12-22）[2020-06-06]. http://www.cdgdc.edu.cn/xwyyjsjyxx/hyxsdd/gjjj/276723.shtml.）

而一旦遇到特殊情况需要开展异地初核或对发生年代较为久远的事件进行初核，工作人员就应当制订详细的初核方案，并在严格履行审批程序的前提下，安排不少于2人实施初核工作。在《科研诚信案件调查处理规则（试行）》颁布后的早期实施阶段，一些机构将初核和调查合并，直接由2位工作人员进行实质上属于调查阶段的核查工作，则是对文件的一种误读。

在2019年底的“网传举报人”事件风波中，举报者对被举报者20年前的科研成果进行质疑。这种质疑即使发生在诚信治理经验丰富的国家，也会在客观上给调查者的工作增加相当大的难度。以NIH为例，其针对数据管理也只是规定：“研究数据包括原始数据，应当保存足够长的时间，以使他人分析和重复由此数据发表的文章。一般情况下，规定的保留期不少于5～7年，但在不同的情况下，保留期会有一定的变化。”①因而，一旦决定对较长时间之前的原始记录情况进行初核，调查者就要做好找不到原始数据的心理准备。

［模拟案例1］

A为一个实验室的负责人，科研成果颇丰。B为该实验室的一名研究员。C为A名义下的博士研究生，平常由B具体指导。2019年3月，B向纪检监察部门举报A拿相似的研究成果多头申报科研项目（附有项目清单），同时举报C博士学位论文中存有大量抄袭剽窃内容，并列举若干具体线索（被抄袭者在期刊公开发表的论文题目）。能否受理？请结合以下条件分析。

情况1：假如举报人为匿名，如何处理？假如举报人为实名，如何处理？

情况2：假如C十年前已获得博士学位，如何认定抄袭剽窃行为？

情况3：假如A打算申报2019年某院院士，如何处理该举报？

情况4：假如A获得资助的项目之间存在密切关联，但获得资助的时间是连续的，少量项目的部分时间段有重合，如何认定性质？

经综合分析，我们认为：

情况1中，鉴于当前匿名已不作为受理的充分条件，因此，是否受理只看是否存在较为具体或明确的线索。在本案例中，项目清单和涉嫌抄袭的具体线索（被抄袭者在期刊公开发表的论文题目）就是明确的线索。无论实名或匿名，处理方式并没有本质的区别。因此，根据该举报的实质内容，应该予以受理。即

① 麦克里那.科研诚信：负责任的科研行为教程与案例[M].何鸣鸿，陈越，范英杰，等，译.3版.北京：高等教育出版社，2011：257.

查阅举报件中举报人的相关信息，联系实名举报人告知该举报已受理。如果找不到联系电话、邮箱，可以查看举报信或转办函后附的信封复印件，上面一般有举报者（寄件人）的联系方式，也可按照该地址邮寄受理通知书。如果是匿名，则此步骤可省略。

情况 2 中，时间的确属于非常关键的信息。早年，国内学术规范尚不健全，或未开展学位论文查重，如果有疑似抄袭行为但作者在文末进行了引用，说明了参考书目，这类线索多以“引用不当”作为调查结语，不做进一步深究。如果是近年来的疑似抄袭案件，一般应交由第三方检测机构予以查重，根据查重结果再进行下一步判断。对于本案件，可通过主动委托查重机构或联系相关期刊，下载线索中提到的期刊论文，同时可在知网的学位论文库中下载查阅 C 的博士论文，予以初步比对，再决定是否受理。

情况 3 中，在两院院士申报期间，会有大量针对候选人的举报。对于特定时期的举报件，一定要查询该年度的两院公告。公告一般会在增选年的第一个月公布[①]，且会同时公布专门处理投诉举报的责任主体[②]和处理办法[③]。这个时候，接到举报件的监督部门应该认真核对举报件中的线索信息，如果其中提及被举报人正在申报当年度院士，即可判定为特定举报。应迅即将该举报件移交具体组织评选的某院学部进行处理。故该条件下不予受理，及时转出即视为办结。

情况 4 中，多头申报科研项目的确是一种特定时期的特定现象，考虑到国

---

① 在 2019 年度两院院士增选期间，增选事项公布日期为当年的 1 月 1 日。（中国科学院. 关于推荐中国科学院院士候选人的通知[EB/OL]. (2019-01-01)[2020-06-06]. http://casad.cas.cn/yszx2017/yszx2019/tzgg_2019zx/201812/t20181228_4683840.html. 中国工程院. 关于提名 2019 年院士候选人的通知[EB/OL]. (2018-12-29)[2020-06-06]. http://www.cae.cn/cae/html/main/col323/2018-12/27/20181227180506857821443_1.html.）

② 依据《中国科学院学部主席团关于严肃 2019 年院士增选纪律的通知》(2019 年 1 月 1 日公布)指出：“一、各学部常委会要担负起营造风清气正增选环境的主体责任，……严格按照《中国科学院院士增选投诉信处理办法》对投诉信进行严肃认真的调查核实，并提出明确处理意见。”(中国科学院学部主席团. 关于严肃 2019 年院士增选纪律的通知[EB/OL]. (2019-01-01)[2020-06-06]. http://casad. cas. cn/yszx2017/yszx2019/bfgd_2019zx/201812/t20181228_4683854. html.）

③ 依据《中国科学院院士增选投诉信处理办法》(2014 年 9 月学部主席团会议第六次修订)指出：“一、所有投诉信……严格按照本办法规定处理；三(一)……涉及候选人学术与科学道德方面的投诉由相应学部常委会负责调查核实。(二)(3)……可指定有关院士组成调查小组进行核实。”

内设立科研项目的资助方较多，不排除有“一女多嫁”的情形存在。案例中所指的“多头申报”因资助方较多而导致的“重复资助”的问题需要辩证看待，审慎对待。通常情况下，一项研究要持续数年甚至数十年，而获得的资助却经常捉襟见肘且有时间限制。如果是连续研究，就会存在资金不足的问题。所以向多方申请经费具有必要性、现实性与合理性①。在该案例中，重点要判断研究是否存在连续性，即审看项目申请书中是否提及（标注）过往研究成果，批复报告中研究目标的设定是否涵盖了该研究阶段的所有内容。现有条件下，无法直接判断该线索的性质，需引入专家判断，故应予受理。

［模拟案例 2］

举报件为上级转办。内容为国内某民间科学爱好者实名举报某院士在物理学基础理论中的研究造假。举报信内容材料较多，很多都为数学公式证明，并附上举报人在某网站论坛的论文（实为论坛发帖），多为质疑相对论、量子力学等重大物理学基础理论的内容。

情况 1：该举报件为重复举报，但一直没有结论。

情况 2：基层某机构曾将该类举报作为“不同学术观点”予以处理。

情况 3：基层某机构学术监督部门曾判定该类举报无实质性内容。

情况 4：基层某机构曾以举报人论文未经公开发表，非学术观点予以结案。

情况 5：上级纪检监督机构工作人员收到调查报告后，提出应委托第三方开展重复实验的处理建议，并将实验结果回复实名举报人。

综合分析，我们提出以下处置意见供参考：

首先，上级转办的举报件，无论是什么情况的举报件，都应予以受理，这是所有监督机构的特点。

情况 1 中，该类举报件多为重复件，被举报人一般从事基础物理学研究如高能物理、理论物理，在该领域有相当的学术地位。举报人一般民间科学爱好者，其举报行为非常执着。机构在处理此类举报时，一般采取“冷处理”的方式，也就是拖着不给结论。或者以“看不懂”为由建议举报人改变举报目标和举报单位。上述做法在《科研诚信案件调查处理规则（试行）》发布之后，可操作空间

① “重复资助未必就是坏事，关键是管理与监督是否到位。科研活动终会出现集群现象，并产生出良好的结果。”（曹聪，李宁，李侠，等. 中国科技体制改革新论［J］. 自然辩证法通讯，2015，37（1）：20.）

被压缩，因而应改变处理思路。建议受理后交由下一级单位学术调查机构组织专家论证会，以程序正义得出相关学术结论，该结论作为此类举报的参照结论，报上一级学术监督机构予以认可，两审定案，今后不再受理。

情况2中，该机构的处理略显草率。是否属于不同的学术观点或是否属于学术观点，应由同行评议决定。机构可组织专家调查组召开学术评议会，专家组组成人员应不限于本机构的专家，如果得出“非学术观点”的结论后，则终结调查，一劳永逸。

情况3中，该机构的处理略显鲁莽。经由上级转办的线索，不能直接给出“无实质性内容”的判断，否则就会对上一级监督机构的专业性构成挑战。正确的做法应为通过专家评议的形式，科学地、程序性地证明其“无实质”的内容都体现在哪里，给出令人信服的理由。当然，考虑到上级监督部门处理该线索的人员有时并非专业人士，其判断标准和学术界的要求通常会有一定差距，但这也不能成为下一级学术监督机构拒绝受理该案件的理由。

情况4中，该机构的判定如果经过专家评议，则其判定应可具有一定的代表性。应将该机构对该类举报的调查报告和学术评议结论，抄送发出转办件的部门，并借此进一步建议今后不再受理类似的举报。

情况5中，上级纪检监督机构在收到调查报告后，就处置结果提出指导意见，要求采用委托第三方实验验证的方法，获得科学数据并从正面给举报者以回应。这种思路表面上是严谨的、负责的和值得尊敬的，但在操作中却是荒诞的、主观的和经不起推敲的。

考虑到该实验系历经数年，在一种特定装置中耗费数十亿人民币的研究经费方完成，得到的实验结果被世界同行普遍接受。再重复一次实验，则相关经费从何而来？装置在何地复建？人员从哪里选定？解决这些问题，要比笼统而抽象地提出第三方实验的建议复杂和具体得多。这些抽象的意见实质上属于拍脑袋提议的、无法操作的纸上谈兵，学术监督部门应予以拒绝。

（五）启动调查

待前期处理结束后，具备以下五种启动调查的条件之一，经本机构的科研诚信专员确认，在履行报批程序后即可启动调查①。

---

① 根据ORI的有关报告，启动调查的案件数约占举报量的10%。在国内，转办率是学术监督机构需要重视的一项指标。转办率的高低在一定程度上反映了学术监督工作的成效。

根据工作实践，有五种决定启动调查的情形：

一是已经受理、有明确的调查线索，简称有线索即调查。二是上级交办、转办，要求酌处、处理或报告的线索，简称有交办即调查。三是其他机构移交的、希望回复的线索，简称有回复即调查。四是主动监督过程中发现的可查性较强的线索，简称有瑕疵即调查。五是国际期刊不定期发布的、被初步认定具有不端或不当行为的撤稿线索，简称有撤稿即调查。

当然，在实际工作中，上述这些只是启动调查的客观条件。能否真正启动学术调查，还要看科研诚信专员对举报线索的分析和判断、机构的分管负责人对开展调查是否存有足够的信心和决心等主观方面的条件。涉及重点人物或重要影响面的案件，还要综合考虑上级监督机构的批示、社会舆论的影响和未及时处理的可能后果等。

考虑到全国大多数省级的科研诚信治理机构是近两年才成立的，则其机构、经费、人员等的到位情况，也会成为当前是否能够开展调查的决定性因素[①]。此外，在一项具体的科研诚信案件中，调查方案是否可行，涉及范围是否可控，调查专家是否存在利益冲突，被调查人员是否主动配合等，也是需要综合考虑的因素。

此外，还需要诚信治理机构实事求是地进行综合判断。有的举报，也许只是咨询、求助，有的也许只是怀疑、猜测，有的甚至仅仅是为了表达自己的观点，随便拉一个人当靶子。还有一些也许在当下并没有达到受理的客观条件，例如相关证据无法获取或获取难度较大等[②]。如何判断上述这些情况，需要诚信专员们苦练内功，深究学理，审慎判断。现实情况绝不是上述五种启动条件所能覆盖得了的。因而，触发条件一定要根据实际情况而定。

［模拟案例 3］

A 机构学术监督部门针对一例院士增选期间的学风道德或科研诚信举报件启动调查，其触发条件具有偶然性。随着增选日期临近，相关部门均不愿意

---

① 根据 2019 年 11 月 26 日科技部科技监督与诚信建设工作会议的有关材料，截至当年 11 月底，全国近 60％的省级科技管理部门设立了专职科技监督的机构，其中独立设置的机构占比为 85％。

② 在 2019 年 10 月 29 日，笔者参加了“中欧科技伦理与科研诚信研讨会”的案例讨论。在一则学生如何举报导师学术不端行为的案例中，笔者以 2018 年初爆出的国内某高校导师被已毕业学生举报的案例为例，指出，转换导师或毕业后再进行举报的方法具有一定的代表性，这种方法有利于“举报者”自我保护。

开展调查,而是根据程序规则,对该件进行转办处理。具体做法如下:

情况1:B机构为增选机构。B机构认为该举报件涉及内容很多,很复杂,应当由被举报人上级机构统一调查给出结论,遂将该件转至A机构纪检监督部门。

情况2:A部门纪检监督部门研究后,认为被举报人属于某机构负责人,应由驻A机构的纪检监察机构处理,遂将该件转呈上级机构。

情况3:驻A机构的纪检监督机构筛选线索后,依据增选纪律等规定,将涉及学风道德和科研诚信部分的线索转回B机构调查处理。

情况4:A机构学术监督部门收到该件后,以本部门非该类举报件的责任方为由拒绝调查。

综合上述情况,我们认为:

情况1中,B机构作为增选机构,在年初已经出台了增选期间信访件处理办法,完全有依据有能力处理该类举报[①],而不是将举报内容扩大化。在该情况下,B机构缺乏的是开展调查的决心。

情况2中,A机构各监督部门在接到转办件后,根据工作权限进行了转办,符合该部门处理线索的原则和程序,无可厚非。

情况3中,驻A机构的纪检监督部门的做法符合其职责定位,并无过错。

但在国内,领导批示具有相当程度的重要性和权威性,也会产生较大的压力。各类机构包括监督机构对此类批示的方法都是优先办理,这是机构执行力的重要体现。最终驻A机构的纪检监督部门发现该件有多位领导批示,遂援引刚刚发布的《科研诚信案件调查处理规则(试行)》有关条款,对该转办案件行使了管辖权[②]。该管辖权与被举报人是否参加院士增选工作没有对应关系。

最终处理结果为该机构组织专家调查组进驻被举报人所在单位实施现场调查,得出调查结论并对据查不实的情况给予了及时的澄清。该澄清避免了因监督机构拖延办案,导致被调查人因“有案在身”而失去获取相关学术荣誉机会的情况。

---

① 涉及候选人学术与科学道德方面的投诉举报由相应学部常委会负责调查核实。(中国科学院学部主席团.中国科学院院士增选投诉信处理办法:1998年12月14日学部主席团会议通过,2014年9月29日学部主席团会议第六次修订[A/OL].(2019-01-01)[2020-06-06].http://casad.cas.cn/yszx2017/yszx2019/bfgd_2019zx/201812/t20181226_4683850.html.)

② 参考《科研诚信案件调查处理规则(试行)》第2条第四款、第6条之相关规定。

上述案例显示,学术监督机构开展的学术调查应有充分法理依据,否则易陷入师出无名、擅权滥权的范畴。此外,从该事件的具体适用情形看,应卡住时间点,及时将调查结论于增选会议举行之前告知增选机构,以免产生因通报不及时而使被调查者的合法权益受到损失的后果。一旦发生这种情况,则开展调查的学术监督机构就会承担额外风险。

二、调查组中的专家构成和议事规则

(一) 专家构成

机构应事先成立一支覆盖本系统所有学科方向的专家队伍,组成学术诚信专家库,并不断进行完善和调整。具体可采用公开或者不公开的方式组建。为保持透明和公平,也可以吸纳外部专家、从事科研诚信和科研伦理研究的专家等进入专家库。具体到个案,则应根据实际情况决定是否引入外部专家,以及决定外部专家在调查组中的占比。

按照《科研诚信案件调查处理规则(试行)》第 17 条的规定,专家组的成员应不少于 5 人。这些专家要根据案由涉及的学科或领域,由科技专家、管理专家、科研伦理专家共同组成。

如果本机构没有建立相应专家库,则可以考虑从本机构或系统内单位的学术委员会成员中,以抽签方式组成专家组。抽签过程应安排监督,确保抽签过程的程序公平。出于公平性考虑,应安排一名与被举报者研究领域相同或接近的专家进入调查组,同时应避免同被调查对象发生利益冲突。专家组一旦组成,即应以机构的正式文件形式予以确认并在召开的第一次专家组线索研判会上宣读。在进入调查现场前,还应及时签署专家承诺书,以专家承诺的方式保证调查的公正性。该承诺书是学术调查的程序性文件,应附在专家任命通知文件后。

机构设立的专兼职科研诚信专员可以联络员的身份进入调查组,但只进行行政调查,配合、辅助调查专家组的学术评议工作,一般不参与专家组决策(特殊情况例外,见以下“议事规则”部分)。根据工作需要,还可以组建小同行专家支撑组,为调查专家组的决策提供专业支撑。

［小贴士：专家承诺书样本参考］

本人承诺与被调查人不存在学术观点争议、项目合作、亲属或师生关系等利益冲突，保证调查工作的客观性、公平性和专业性。

在调查期间，本人服从专家组统一调度和工作安排，不私自或单独会见被调查人、证人和相关人员，不单独接受可能被视为证据的材料。根据要求，对调查内容和结论保守秘密。

承诺人（签字）

××××年××月××日

（二）议事规则

一个好的议事规则是调查顺利进行的程序性保证。调查组可事先商定好采用议决制还是票决制进行决策的议事规则。如果采用票决制，则既可以选择简单多数原则，也可以选择绝对多数原则。具体例如一个由 5 人组成的专家调查组，则简单多数就是赞同票至少 3 票，绝对多数就是赞成票大于或等于 4 票。

在整个调查期间，专家组均应对证据确认、不端行为定性、调查报告结论等重要事项，以议决的形式取得专家组一致意见，或以票决的形式投票得出共识结论。无论议决还是票决，均要如实记录持保留意见或反对意见的情形及反对的票数，以便后期程序审核时用到。

对于调查中持正反意见的人数接近的情形，专家调查组组长应主动提议进行表决并予以记录，以保证调查正常进行。在调查报告中，对上述事项的议决或票决结果，工作人员要据实记录，相关意见或表决票数应一并提交给学术委员会进行最终判断。

在此期间，如果专家组选择通过听证会形式判定调查结论，则应事先向参加听证的各方明确规则，选择一致意见或绝对多数意见作为基本规则，并应由听证专家以无记名投票方式得出最终结论。

好的议事规则是实现专家治组的重要保障。议事规则一旦确定，一般不可中途变更，以免影响程序正义和结论的客观性。调查组组长在执行议事规则中要起到模范带头作用，而不能带头违反该规则。如采用议决制议事规则，则在讨论某一事项时，组长应待专家组其他成员发言后再进行发言，发言时综述其他专家意见后再提议给出明确的最终意见。如采用票决制，则调查组组长应首先投票，并待其他专家投票完成后，再安排工作人员当场验票、计票，得出票决结论。

议事规则在国内学术调查中长期处于被忽略的地位。在这一环节中比较常见的错误做法是，调查组组长急于表述个人意见，最先发言，或者极力反对专家组中其他专家成员的意见，甚至临时起意修改议事规则，该表决的改为议决，该议决的又进行表决，或者压制其他专家的意见，独断专行或强行表决等，这些都会对其他专家的学术判断和最终结论造成潜在的负面影响。

需要指出的是，在一些重大的学术案件调查中，机构会对专家调查的结论进行再一次学术评议（复议），以慎重得出学术结论。在这种情况下，其决策环节与图 3.2 描述得略有不同，但决策机制并未发生根本变化，总体上仍然遵循了专家治组的精神。

三、利益冲突回避和声明

参与科研诚信调查的人员应秉承学术中立立场，避免与调查双方产生利益冲突。调查组专家应事先声明同举报人和被举报人之间均不存在下列情形：亲属或师生关系、同一课题组成员、项目合作者、论文共同作者、潜在竞争者，并签署书面回避声明。

签署声明的目的是保证调查工作的客观、公正，防止利益冲突。如无法避免，应事先向组织调查的机构声明。调查机构认为可能影响公正性的，应及时更换相应调查人员。

在一些机构中，拥有决定权的委员会的构成采用席位制。在这种情况下，表决某一案件结果时，相关委员们应首先声明利益冲突或主动提出回避申请。但委员会也应同时就声明或申请进行研究，如果认为不影响表决，也可以不进行回避。

参与科研诚信调查的人员应签署保密承诺，不得以调查为由随意干扰正常的科研活动，不得向举报人或被举报人索取利益等。一般情况下，保密承诺期应覆盖至机构给出正式调查结论或最终公布调查结论之时。

利益冲突声明、保密声明应由机构统一提供。可以在专家承诺书中合并体现，一次性签署。但整体上应对内容有所控制，避免因为承诺书中字数太多、内容复杂而使专家产生焦虑，进而对即将进行的调查产生不利影响。

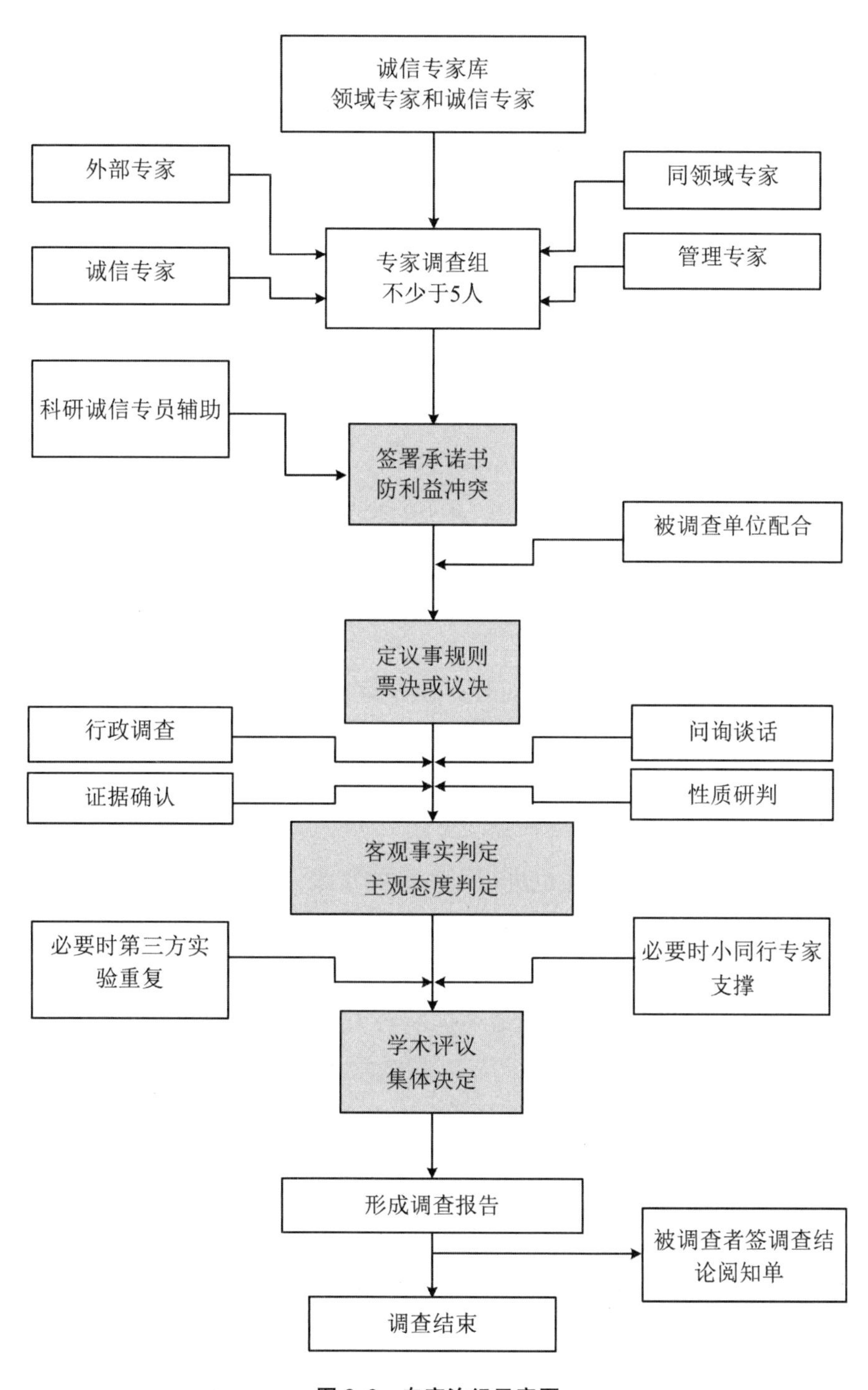
诚信专家库
领域专家和诚信专家
外部专家
同领域专家
诚信专家
专家调查组
不少于5人
管理专家
科研诚信专员辅助
签署承诺书
防利益冲突
被调查单位配合
定议事规则
票决或议决
行政调查
问询谈话
证据确认
性质研判
客观事实判定
主观态度判定
必要时第三方实验重复
必要时小同行专家支撑
学术评议
集体决定
形成调查报告
被调查者签调查结论阅知单
调查结束

图 3.2　专家治组示意图

需要注意的是，利益冲突的回避并不是一件容易解决的事项。在国内的学术调查中，如何判定调查人员与被调查人员之间是否有利益冲突，并没有十分可靠的手段。而且，中国社会是一个讲究人情的社会，人情评审的现象屡见不鲜、屡禁不绝。有时候，一些非常规的因素也会进入利益冲突的范围，如地域（同乡）关系、校友关系、潜在的合作机会以及少数专业方向过窄导致的学术观点冲突等因素。因而在学术调查中完全回避利益冲突似乎也不太现实。

对学术监督机构而言，唯有从程序上将各环节可能存在的短板补齐，方能最大限度避免利益冲突问题。

第三节　学术调查简易程序

学术调查中的简易程序（Simple Procedure）是指处理那些涉及线索具体、可立查立改的举报所采用的调查手段①。大部分的学术不端举报应可适用简易程序。一些引起舆论关注的学术不端案件也可采用此程序。该观点的提出参考了国际学术机构的调查实践和国内相关法律条文对简易程序的规定。

在国际上，许多国家对此也进行了积极的实践。如英国杜伦大学就在其非正式调查中给予被调查人自证清白的机会②。美国 ORI 在实际调查处理中设计了两类排除协议——自愿和解协议和自愿排除协议——寻求迅速固定调查结论、进入执行环节的捷径，以期避免耗时费力的正式调查以及可能发生的行

---

① 侯兴宇. 学术不端不妨试行简易程序[N]. 中国科学报，2019-02-18(1).

② Process Flow Chart. “Respondent informed and given opportunity to comment.”(Research Misconduct[EB/OL]. (2017-06-21)[2020-06-06]. https://www.dur.ac.uk/resources/hr/policies/research/ResearchmisconductFinalV1.0220617.pdf.)

政诉讼[①]。

我国的自然科学基金会在调查程序中也有被调查人提供自证清白材料的设计环节。在国内的司法实践中,无论民事诉讼法还是刑事诉讼法,均规定了相应的简易程序[②]。故笔者认为,在学术调查中不妨多用简易程序。这一程序一般由机构的科研诚信专员邀请学术委员会成员,或被投诉举报人所在团队的负责人,以问询谈话的方式,同被举报人见面,听取其就举报内容的解释或提供相关证据。

需要指出的是,简易程序本身是正式调查的一部分,它不同于初核。根据《科研诚信案件调查处理规则(试行)》,初核的结果是是否受理(尽管也进行了一定的学术判断),以决定是否实施正式调查。简易程序是基于初核结果的一次学术调查,只是没有 5 人专家组而已。但它具备了专家组的功能,引入了学术委员会成员,可以作出学术判断。

简易程序也不同于正式调查,后者需要成立一个至少由 5 人组成的专家组,在实际工作中,这种安排一般针对较为重大、复杂的科研诚信案件。如果所有经过初核符合要求的案件都要进行正式调查,就会极大地增加学术监督机构的工作压力。这对当前初步建立的科研诚信治理体系而言是巨大的考验。

所以简易程序可以在初核和正式调查之间发挥作用,也恰好弥补《科研诚信案件调查处理规则(试行)》取消非正式调查造成的监督空白。例如,在调查学术期刊对论文撤稿的情形时,就可以使用简易程序,如果结合编辑部声明、查验相关作者的原始数据,能够判断这是正常的撤稿、修回、重登等情形,或者属于诚实的错误,则大可不必开展后续的正式调查。

---

① The NIH is expected to carry Inquiries and Investigations through to completion and to pursue diligently all significant issues. At any time during the NIH research misconduct proceeding, the Respondent has the opportunity to admit that research misconduct occurred and that he/she committed the research misconduct. (National Institutes of Health Intramural Research Program Policies & Procedures for Research Misconduct Proceedings[EB/OL]. (2018-11-19)[2020-06-06]. https://oir.nih.gov/sites/default/files/uploads/sourcebook/documents/ethical_conduct/policy-nih_irp_research_misconduct_proceedings.pdf.)

② 如《中华人民共和国民事诉讼法》第十三章第 157 条规定的简易程序中,就明确指出其适用范围:基层人民法院和它派出的法庭审理事实清楚、权利义务关系明确、争议不大的简单的民事案件,适用本章规定。基层人民法院和它派出的法庭审理前款规定以外的民事案件,当事人双方也可以约定适用简易程序。《中华人民共和国刑事诉讼法》第 214 条也对采用简易程序审判进行了明确规定。

故这个阶段又可称为自证清白阶段。即调查人员首先要和被调查人见面，由被调查人对举报内容进行说明并拿出有关科研路径、原始数据等佐证材料。如有必要，可结合问询继续对团队其他人员进行谈话，以进一步获取、了解更多证据，印证相应的判断。

当然，对于一个科研诚信案件是否适用简易程序，还是要看初核后的线索所展示的复杂性。例如图 3.3 中，笔者统计了在 2020 年 COVID-19 疫情期间某一日的一组地区病亡率数据的比较，对这种图表的鉴定就需要核对当日发布的原始数据。

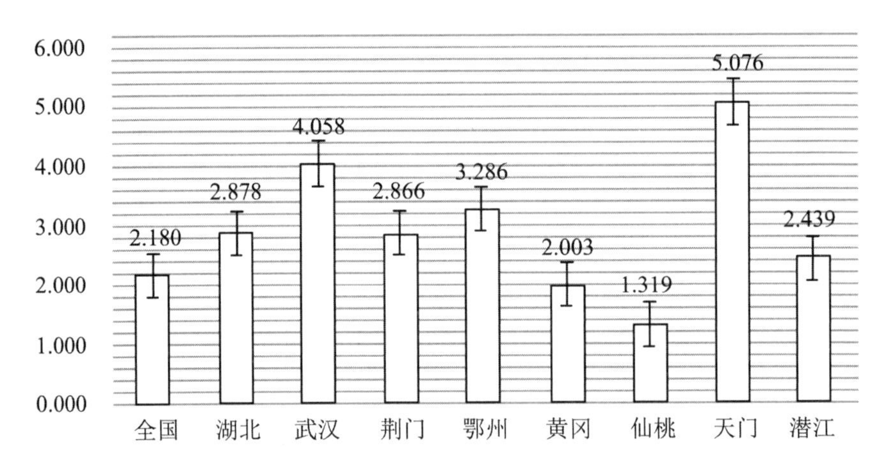

图 3.3　一组反映国内各地新冠肺炎疫情病亡率的统计

注：数据来源：2020 年 2 月 8 日国家卫健委和湖北省卫健委网站。

而实际工作中，科研诚信专员们碰到的情况远比上述图表的问题要复杂得多。以抄袭剽窃为例，凡能看出明显有抄袭之嫌的，借助于第三方查重工具即可作出判断，再辅之以简易程序核对原始数据、判断作者的主观认识，似不需要再经历旷日持久、耗费大量人力物力的现场调查。

在这种情况下，大部分举报所称的行为应该能得到及时和准确的判断。当然，这一阶段的问询也有一定的风险。反对者会质疑这种做法让被举报者提前获得了举报信息，有利于其后续组织应对的材料；而举报者则可能因此遭受不公平的对待等。

当然，如果在简易程序中，被举报者隐瞒了对自己不利的信息，则会造成调查人员的误判，进而导致简易程序失效。这是需要引起调查人员注意的地方。

在处理一例论文撤稿案件中，调查人员使用了简易程序，给了论文作者自证清白的机会，作者也提供了若干封同编辑部交流该稿件内容的邮件。但隐瞒了最重要的第一封邮件，而该封邮件显示，是编辑部首先对其论文的数据和图表进行了质疑，而不是作者主动先同编辑部进行了沟通。

这个隐瞒直接使调查人员得出论文作者主动撤稿的结论。该案的真实情况是，论文作者无法提供质疑中的原始数据。这就不属于诚实错误的范畴，而是可能涉嫌造假的严重学术不端行为了。

所以，简易程序的启动和运用，需要诚信专员们积累足够的经验，学习更多的案例之后，再依据对线索的分析和判断决定是否使用。

［小贴士：关于保留条款］

如同物理学不处理大爆炸之前的情形一样，一般的监督也不处理监督部门成立之前的举报。涉及具体的案件，又有“从旧兼从轻”的处理原则①。这种原则的设立，是为了防止监督随意扩大化和无限制的追溯行为，防止这些行为就需要用到保留条款。

在学术监督实践中，保留条款的设立非常必要。例如美国 ORI 规定案件追诉期为 6 年，超过 6 年的举报一般不予处置。其中“祖父例外”条款（Grandfather Exception②）更是明确表明，不追究科研诚信机构成立前或有关规则文件生效前的科研失信行为人责任。但如果被举报人一直援引该案事项，致使最近引用的时间跨入机构成立时间之后，则该科研诚信机构可对该行为行使管辖权③。

在国内调查科研诚信案件，有两个时间段非常重要：2007 年前，2017 年后。2007 年是国内普遍建立科研道德委员会等机构的年份，此后由机构主导逐步开展不端行为的调查。2017 年是“107 篇论文撤稿事件”发生的年份，从这一年起，国内对科研不端行为的调查超出了机构控制的范围，呈现逐渐从紧、从严的趋势。

---

① 如《中国共产党纪律处分条例》(2018 年 10 月 1 日起施行)第 142 条规定：“本条例施行前，已结案的案件如需进行复查复议，适用当时的规定或者政策。尚未结案的案件，如果行为发生时的规定或者政策不认为是违纪，而本条例认为是违纪的，依照当时的规定或者政策处理；如果行为发生时的规定或者政策认为是违纪的，依照当时的规定或者政策处理，但是如果本条例不认为是违纪或者处理较轻的，依照本条例规定处理。”

② “Grandfather Exception.” If HHS or an institution received the allegation of research misconduct before the effective date of this part. §93.105 Time Limitations.（Public Health Service Policies on Research Misconduct; Final Rule[N]. Federal Register, 2005-03-17(III).）

③ 在 2019 年底著名的“网传举报人”案中，被调查者因向某资助机构申请经费，引用了自己 20 年前被举报过的论文而遭该机构调查。但该机构所谓的调查，也只是发了一封要求被调查者自行说明的函而已。

保留条款的设立，是学术监督机构在工作实践中客观分析学术不端行为治理现状而得出的必然结论，也是学者们在阅尽无数不了了之的学术不端事件后提出的无奈建议①。尽管这同有关文件中规定的对学术不端行为终身追究和零容忍的原则不相契合，但却符合实事求是的现实治理需要。

当然，简易程序不同于纪律监督中常见的“背对背调查”，也不同于相关监督组织对个人的“函询”，这两种情形下，调查者都不与被调查者本人见面，只判断证据是否存在、不问事实为何发生。被调查者自然也无法当面自证清白了。

因此，学术调查应用简易程序，主要还是基于科研活动的可再现性、科研原始记录的完整性而实施的追溯行为。须知一个无法再现或记录不完整的研究结果是瞒不住同行的，自然也经不住仔细的询问。

一、谁来问询及问询内容②

一般由专家调查组的成员进行问询(Inquiry)。但问询的目的不是直接判定不端行为③，而是获得调查证据。有时候，考虑到线索的复杂程度、调查时限和潜在成本，也可以采用简易程序，由本单位的科研诚信专员(Specialist on Research Integrity & RIO)配合一位专家进行。因而，科研诚信专员的职权中应包含快速处理简单举报的权限。

在笔者所属机构重新组建本系统的科研诚信专员队伍的过程中，有部分基层领导质疑这些专员工作量是否饱满、是否有设立的必要等。应该说，这一担心是有一定道理的，关键就在于诚信专员们能否全时推动本系统和本地区的诚

---

① 参考唐莉教授提出的“先饶恕再严厉”的建议。原文为：Forgive, then tough.(TANG L. Five ways China must cultivate research integrity[J]. Nature,2019,575(7784):589-591.)

② ORI 规则中的问询，是指机构或 ORI 专家依照一定标准和程序收集初步信息或事实的过程。本书采用与其类似的观点。Inquiry means preliminary information-gathering and preliminary fact-finding that meets the criteria and follows the procedures of § 93. 307-93. 309. Misconduct Defined.(Federal Research Misconduct Policy[EB/OL].(2000-12-06)[2020-06-06]. https://ori.hhs.gov/index.php/federal-research-misconduct-policy.)

③ The purpose of the inquiry is not to reach a final conclusion as to whether misconduct occurred or who was responsible.(Research Misconduct: Policies, Definitions and Procedures. The University of California, Berkeley. Research Misconduct[EB/OL].(2013-06-03)[2020-06-06]. https://vcresearch. berkeley. edu/research-policies/research-compliance/research-misconduct.)

信建设任务并和中心工作相结合。

其实，无论是开展教育和宣传，或是处理日常的举报投诉，或是开展简易程序的调查，均需要耗费一定的时间和精力，也会运用到专业知识和一定的规范程序，此外还要承担相应的风险（如图 3.4 所示）。

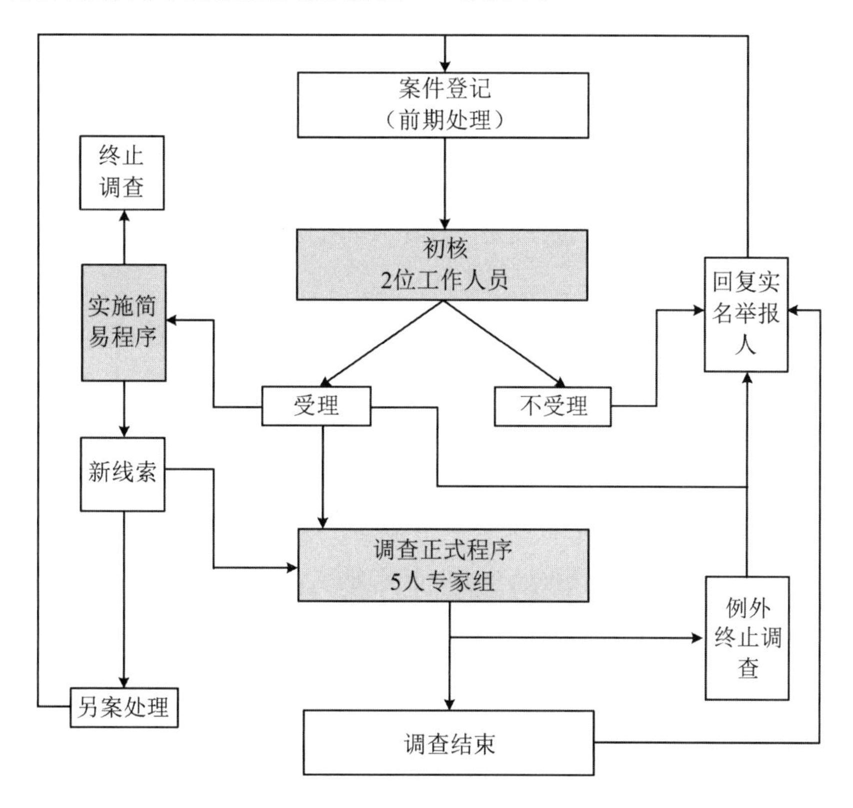

图 3.4　简易程序在学术调查中的地位

根据工作实践，简易程序的应用场景主要包括：判断诚实的错误、撤稿中编辑部声明认为属于错误类的情形、数量较少的图片或文本重复、明显的抄袭剽窃行为、不当署名。

因此，对一个机构的科研诚信建设而言，设立一个专职的科研诚信专员（国外一般为 RIO，即 Research Integrity Officer）就如同设立质量监测的专员一样重要。他既可以自主开展有针对性的科研诚信教育和培训，也可以随时监测所在机构的诚信状况，还能用简易程序处理大多数普通的诚信案件。这些对于维护机构的科研诚信的良好状况来说是非常必要的。

在《科研诚信案件调查处理规则（试行）》中，似可预见“科研诚信调查员”这一新型职业的诞生。第 10 条这样规定：

> 负有科研诚信案件调查处理职责的相关单位，应明确本单位承担调查处理职责的机构，负责科研诚信案件的登记、受理、调查、处理、复查等。

这是规定了机构和职责。第14条这样规定：

> 接到举报的单位应在15个工作日内进行初核。初核应由2名工作人员进行。

这是对诚信专员的工作程序作出的明确规定[①]。

无论是科研诚信调查人员或是文件中规定的调查专家组成员，其问询的内容均应包括如下几个要点：

(1) 举报人在举报中所陈述的情况是否存在(用以判定事实)。

(2) 如果存在，请给出充分合理的解释(用以排除主观故意)。

(3) 如果不存在，请给出研究路径和自证清白的材料(用以澄清)。

(4) 该行为(如存在)是单一偶发还是长期存在的(用以判断影响)。

(5) 该行为(如存在)发生后，采取了哪些补救措施(用以量化惩戒措施)。

一些有过纪律调查或其他监督调查经验的人，会觉得学术调查与其过往调查程序相比有似曾相识的部分。但实际上，两者存在本质上的差异，甚至可以说是绝不相同。主要有以下原因：

从依据上看，学术调查是处理与学术共同体价值观相背离的行为，属于基本要求；而纪律调查中要处理的是具有较高要求的行为。从程序上看，学术调查主要是专业判断，而纪律调查则要求接受上一级的指导。从手段上看，学术调查强调面对面、直奔主题、自证清白，而纪律调查强调背对背、先外围调查、后中心突破等等。

知道了这些原则和理念上的不同，就会理解所谓的似曾相识只是错觉罢了。当然，在学术调查手段逐步完善的过程中，也会充分借鉴其他监督系统已经成熟的经验和方法。

[小贴士：学术期刊等认定学术不端的局限性]

学术期刊在防止学术不端行为方面具有特殊的守门人作用。近两年，国内

① 当前多数机构并未设立独立的学术监督机构，故在理解工作人员的时候，容易将其定义为调查人员。当机构普遍建立后，自然会将该部分的工作交由工作人员完成。

学者主要是通过国际学术期刊大规模撤稿行为认识到其具备认定学术不端的职责。但并非所有的撤稿文章都存在学术不端行为。同样,国内学术期刊鲜有撤稿行为,这也不意味着所刊载的学术文章都没有学术不端行为。

但学术期刊在认定学术不端行为中具有明显的局限性。主要基于以下几点:

其一,名存实亡的编辑委员会。在一些过分追求经济效益的期刊中,所谓的编委会就是草台班子,名惠实不至。一些编委会成员甚至并不存在,属于"幽灵成员"。国内的一些学术期刊的编委,仅仅挂名而并不履行职责,实际权力交给了名不见经传的副主编或责任编辑。这种状况极大地影响了期刊的学术判断力。

其二,容易混淆的"修回"和"撤稿"行为。如正文所述,论文修回、更正、勘误是对科学事实的修正,属于诚实的错误,不属于学术不端。而当结果无法重复或验证的时候,也需要采取暂时撤稿的手段维护科学的完整性、纯粹性。如果忽视了这些现状,就容易将撤稿与学术不端等同起来,那就是一种扩大化的行为。

其三,有限的调查手段。几乎所有学术期刊编辑部都存在人力紧张的状况,因而很少有期刊编辑部可以组织专门力量开展学术调查。除非十分明显的学术不端行为,编辑部应对学术不端行为的手段则高度依赖经验。这种状况使得期刊在维护学术诚信时经常捉襟见肘。有时候,受多方面原因制约,期刊甚至不愿意把一些学术不端的线索共享给相关机构。

其四,同行评议的局限性。同行评议是期刊判断一篇学术论文是否有出版必要的手段。由于受到专业、经验甚或时间所限,同行评议有时也并不能完全决定论文的价值。一些著名的期刊如《科学》杂志,历史上也曾出现过评审专家不同意发表而编辑决定予以发表的情况①。这表明,出版系统所称的同行评价在该体系中的地位并不总是十分稳固的。

综上,应客观看待期刊的撤稿、修回、关注等行为。监督者在遇到撤稿时,一不要怕,二不要躲。学术调查的核心还是要首先弄清事实,只要撤稿所承载

① 2002年,《科学》杂志在匿名审稿人公开身份反对、作者单位负责人联系撤稿的情况下,仍然坚持发表拉什·塔拉亚克汉(Rusi Taleyarkhan)关于气泡核聚变的论文,体现出了科技期刊评审中存在的不当行为。(中国科学院.科学与诚信:发人深省的科研不端行为案例[M].北京:科学出版社,2013:130-142.)

的科学事实没有发生改变,而作者们也没有主观上的故意,就不必顾虑学术不端行为的发生。

二、处理问询中获得的言证处理

学术调查的证据,按照《科研诚信案件调查处理规则(试行)》第17、第19条规定,包括物证和言证[①]。物证即客观证据,包括原始数据、协议、发票等证明材料和研究过程文件、获利情况等,以及用于调阅、摘抄、复印、封存的相关资料、设备等。物证主要通过行政调查获取。

在《科研诚信案件调查处理规则(试行)》第18条中,则对言证,即主观证据的获取和处理进行了明确规定:

> 调查需要与被调查人、证人等谈话的,参与谈话的调查人员不得少于2人,谈话内容应书面记录,并经谈话人和谈话对象签字确认,在履行告知程序后可录音、录像。

言证的获取需要由专家调查组通过谈话问询的方式获取。需要注意的是,这里指称的调查人员(Investigator)不同于《科研诚信案件调查处理规则(试行)》第14条中提到的工作人员(Staff)。

言证的获取有三个关键步骤:现场书面记录,问询双方签字确认,必要时录音或录像。物证和言证均应作为调查报告的附件,同调查报告视为一个整体。因此,问询在简易程序中具有十分关键的地位。

值得关注的是,虽然《科研诚信案件调查处理规则(试行)》赋予了调查组以录音、录像形式获取相关言证的权力,但如何使用该手段以及后期在何种场合播放、观看该内容,规则中并未明确给出约束。考虑到该手段及其应用存在超出学术调查范围的可能,因而对采用录音、录像手段获取的资料,应予专门存放

---

① 同时参考《中华人民共和国民事诉讼法》第63条规定,证据包括:(一)当事人的陈述;(二)书证;(三)物证;(四)视听资料;(五)电子数据;(六)证人证言;(七)鉴定意见;(八)勘验笔录。《中华人民共和国刑事诉讼法》第48条规定,可以用于证明案件事实的材料,都是证据。包括:(一)物证;(二)书证;(三)证人证言;(四)被害人陈述;(五)犯罪嫌疑人、被告人供述和辩解;(六)鉴定意见;(七)勘验、检查、辨认、侦查实验等笔录;(八)视听资料、电子数据。《中华人民共和国行政诉讼法》第33条规定,证据包括:(一)书证;(二)物证;(三)视听资料;(四)电子数据;(五)证人证言;(六)当事人的陈述;(七)鉴定意见;(八)勘验笔录、现场笔录。且都规定了证据经法庭审查属实,才能作为认定案件事实的根据。

并严格管理[①]。

笔者仅建议在重要案件的调查中，履行相应审批和告知程序后再采取录音录像的方式。而在一般的调查中，主要以书面记录的谈话内容的方式即能满足调查需要。而在对物证的采集过程中，如需用到录音、录像手段，则应注意避开涉密或其他有法律法规保护的相关内容。

在这个阶段，调查人员获得的言证材料将是判断是否存在学术不端行为的核心证据。

言证材料中应当如实记录如下要点：问询人和问询对象的身份信息，举报所指称事项发生时的情形、原始记录等佐证材料的收集状态，证人证言、问询对象对举报事项的认知、主观态度以及是否采取了相关补救措施等，均应一一详细记录。

言证制作完毕，经双方核实无误，应由问询双方签字确认。有的监督机构还规定谈话对象要在最后书写一句“以上记录我已阅知，和本人所述一致”等字样，如果发生争议情形时可以此为据进行笔迹鉴定。这是借用其他监督部门工作中的一些惯例，也可供调查组参考使用。

需要注意的是，由于被问询人多数为科研工作者，所以在签字后，最好不要再让谈话对象以按手印的方式确认言证材料的真实性。法律规定签字或盖章均可表明同意、认可并因此承担责任或义务，再使用按手印（俗称签字画押）这种古老的表示同意的方式[②]，对于身为知识分子的科研工作者而言已然是不合时宜的要求，实属画蛇添足、多此一举。当然，该建议仅供各机构学术调查人员在实施学术调查时参考，是否采纳还需要依据机构自身的有关规定和调查人员历来沿用的惯例等具体情况而定。

如果涉及违法违纪的因素，或后期可能经由司法机构或纪律监督机构进行调查，则应由调查组集体研议后，将有关线索进行摘要整理并报请授权监督机构审批，按照审批意见和相关程序，转至其他监督部门处理，或者报经相关监督机构同意并在其指导和参与下，建立联合调查机制，共同实施问询。

---

① 应避免陷入侵犯谈话对象的肖像权或隐私权的情形。

② 关于按手印，现代社会一般不会单独使用，除非当事人不会写字。（说法时间. 签名、盖章与按手印有什么区别？哪个更靠谱？[EB/OL].（2016-11-04）[2020-06-06]. https://www.sohu.com/a/118152796_351146.）

三、问询中获得的新线索

在问询过程中，除了弄清楚调查方向确定的涉及学术不端行为的问题，专家组可能还会发现一些新的线索，这些线索或许和调查方向有关，或许没有关系。碰到这种情况，专家组应该如何处理呢？

正确的做法是接着问下去。

具体做法是由参加问询谈话的专家将线索整理后，报调查组组长决定，或者经专家组集体研判后再进行处理。经核实与正在调查的案件和问询对象有密切关联的，应列入言证材料，合并处理。其中，涉及其他人员的，应即时通知并安排进行问询或补充问询。涉及相关物证的，应及时按程序调阅、收集，并提供给专家组审阅，以决定是否采用。

经核实与本次调查方向无关，但和问询对象或其他人可能存在的学术不端行为有关时，应如实记录有关线索，经调查组组长同意或集体研议后，移交至相应的学术监督机构，另案处理。涉嫌违规违纪违法的线索，则应经集体研判后移交纪检监督部门或按程序移交相关部门处理。

发现新线索意味着调查"战果"的扩大。调查人员应秉持"全覆盖、无禁区、零容忍"的学术监督精神，不放过任何一个可能存在学术不端行为的线索。那些与正在调查的案件或问询对象相关的新线索，应由问询人员和记录人员如实记录到问询笔录里，连同经调阅、核实后收集的证据一并列入调查报告附件，为后续判定不端行为情节轻重提供重要支撑。

我们经常遇到如下的情况：问询人员提醒被调查人员，你说得已经很多了，不要再说了。而被问询人员浑然不知，仍然喋喋不休地讲述。在这里，问询人员可以在完成必要问询后，以一句"还有没有什么补充的？如果没有请在问询记录上签字"予以善意提醒。但问询人员不能强行阻止被问询对象的继续陈述。

[模拟案例 4]

2019 年 11 月底，知名学者、某高校负责人 B 在网上公布(按：一说有草稿但未公布)一封致某监督部门 A 的信。信中回应了 A 部门此前通过 B 所在机构 C 询问 B 的早年论文涉嫌学术不端行为的事项。

B 在信中质疑 A 不应该发函，认为这是对自身学术诚信的攻击。同时，B

在信中也指出,在A机构支持的某些项目中,也存在不端行为,如学者D、E、F三人。其中D作为某机构G的学术道德委员会主任,一贯造假。E则是在2018年即被B所在的自媒体举报,也属于一贯造假。F在主持的新药研究中,所发论文存在造假。此事在网络上形成轩然大波。

情况1:双方指责的事件均发生在20年前。

情况2:C机构将A机构的询问函直接交给了B。

情况3:G机构在事件中一直没有发声。

情况4:B否认了进行网上举报的行为。

首先,需要补充的是,B在此前的研究中曾被同行质疑,A机构收到了相关举报,根据监督需要和实际情形去函,是希望B能就此做个说明。一般情况下,采取此种形式说明A机构并不认为这件事有多严重[①]。

但B回信中的反击,说明B并不了解A机构去函问询的意义。自然,也没有去深入了解国内日趋严格的学术监管思路。甚至对当前学术监督的一些正常手段也不甚了解。事件也同时暴露出B所在高校的第一主体责任存在缺失,至少存在不作为的情形,导致B的举报行为或出于一时激愤。

我们此处不去评论B的举报缘由和内心状态,仅从函询中发现的新线索角度进行分析。

在B的信中,提到了D、E、F三人。其中针对学者D,B指出,在20年前的某篇论文中,D提出了一个新的结构,这违反了当时学界的普遍认知和广泛共识,因而该结构必然是造假获得的。

针对学者E,B指出,近20年来,E一直在造假的道路上越走越远。鉴于B认为E所在高校的调查结论并不能让自己信服,建议A机构重启对E的调查。

针对学者F,B指出,在一篇涉及某创新药的论文中,F提出了某种药物机理,这种机理有违学界常识,不造假是不可能的。建议A机构或者第三方机构开展对F的调查,并希望能对调查工作有所帮助。

其次,涉及D的线索非常具体、清晰。A机构在20年前即成立了监督机构,所以,应该根据该线索对D进行调查。当然,如果A机构认为,B的观点属

---

① 参考B在给A机构信中的观点,A机构不能调查由外国支持的由外国人完成的外国项目的成果。这一认识诚然是错误的。根据ORI的"祖父例外"("Grandfather Exception")条款,B应该是在申请A机构的项目中引用了该篇论文。如果A机构没有该项权力,则国外学术打假人士Bik博士也应当不能质疑由中国支持的中国人的项目成果。

于不同的学术观点，也可以不进行调查。

涉及 E 的线索，非常模糊且不符合常理。B 不能因为某高校前期的调查结论不能让自己信服，就要求该高校重启调查。这不是一个好的、正当的理由。换言之，该高校的调查结论不必征求 B 的意见或经由 B 同意方能做出。现有调查程序也不支持这样的操作。所以尽管对调查结论进行合理的怀疑是被允许的，但重启调查的程序性条件却并不充分。

涉及 F 的线索，貌似非常具体，指向一篇学术期刊论文，该论文涉及一款新药的研发工作。鉴于信中并未指出这篇论文哪里造假，仅仅是怀疑结果造假，所以该线索并不完整[①]。出于慎重考虑，F 所在机构的监督部门应该联系 B，获取更多的线索。根据情况 4 所述，由于 B 否认曾在网上举报的行为，故也可不予当面核实，而将该类举报列为匿名举报。

另外，G 机构在此次事件中实际上一直处于缺位状态，直到该事件尘埃落定，G 机构也未能发声，更未对其科研道德机构的负责人被人举报一事向社会和公众作出任何说明。这无疑是一个令人遗憾和费解的现象。

但在国内现有的治理体系中，还没有相应的监督组织能对 G 机构实施实际有效的制约，因而这是一个十分难解的现实治理难题。我们期待国家层面的科技监督部门在后续的工作中，能从顶层设计的角度对这种明显的漏洞进行某种程度的修补，以实现学术监督的全覆盖。

综上，A 机构的一封非当面问询的信函，一石激起千层浪，带出了多个新的线索，这种效果，是许多学术调查问询阶段所不可能获得的，值得所有从事学术监督工作的同仁们仔细研究。

四、问询后终止调查的基本条件

经过问询，并未发现被问询对象存在学术不端行为，则经调查组一致同意，可以提出终止调查的建议。一般情况下，在此环节终止调查的基本条件有两个：

一是事实经过清楚，科研记录完整，有关行为符合科研工作规律或惯例；二是现有证据显示被调查人无主观过错或故意。

---

① 在此前的其他学者的质疑中，提到该论文涉及图片操纵、重复。F 所在机构回应媒体，指出相关错误已商期刊进行勘误，从而否认了质疑。

经过问询，发现存在轻微学术不端行为，不需要进一步调查，经调查组一致决定，可以提出终止调查建议，基本条件如下：

一是主要不端事实结果清晰，科研记录能予以佐证；二是被调查人对不端事实认识正确，陈述清晰，或及时采取了一定程度的补救措施以降低影响；三是其他旁证材料与言证之间能相互印证、支撑。

在问询阶段，若涉及申报奖项、荣誉等行为，只要有关行为符合当时的申报规定或要求；或有关行为发生年代较为久远，核查起来困难较大，经调查组一致同意，可以提出终止调查的建议。

以笔者的经验，对申报奖项、荣誉等事宜，涉及多个主体的切身利益，事先一定要经过充分协商，以确定最佳的获奖人排序；同时要经过本单位学术委员会的集体评议，提交行政决策机构予以确认。这是一个基本的程序。一般情况下，此类获奖排名的争议较多，多数都是由于上述两个方面的工作不充分、不到位造成的。

如果问询后发现属于较为严重的学术不端行为，应由调查组在调查报告中予以载明，并明确建议进入正式的调查程序。由于《科研诚信案件调查处理规则（试行）》取消了通行的非正式调查程序，而代之以正式调查，需要各机构学术监督组织认真研究把握。

这种变化实际上对初核提出更高的技术性要求，也给初核后选择简易程序留出了足够的空间。学术调查人员应充分运用规则，将简易程序的调查工作做实做细。

［思考题4：下面案例中的有关认定符合《科研诚信案件调查处理规则（试行）》的要求吗？］

在一则期刊论文撤稿事件中，编辑部认为A教授的论文中存在图片或数据不可靠的情形，A教授团队在其解释无法获得编辑部认可的情况下，决定作出撤稿申请并获准。

A教授在向其所在的B机构的初核人员提供的材料中，隐去了编辑部发来的早期质疑邮件，仅提供了该团队决定发出撤稿申请的邮件。B机构据此采用简易程序，认定该行为属于主动撤稿，该错误应为诚实的错误。

该案在上一级监督机构复核时，复核人员发现了一个细节：A教授提供的这封“最早”讨论论文细节的邮件中，用到了邮件自带的“回复”功能。这也就表明该邮件之前还有至少一封邮件。

带着这个疑问，初核调查人员再次问询了A教授。果然，在A教授提供的“最早”的邮件之前，还有三封邮件。第一封是编辑部的质疑，第二封是作者的答复，第三封是编辑部对作者答复不满意，第四封才是作者提供的“最早”提出撤稿动议的邮件。

据此，上一级机构将案宗退回B机构，要求对该案进行重新调查。

问题1：如何认定A教授（团队）的行为？

问题2：B机构最初的认定存在哪些不足？

问题3：如果B机构决定重新调查，应该从哪里入手？

五、例外情形处理

根据《科研诚信案件调查处理规则（试行）》第三章第二节的有关条款，如发现下列情形，调查工作需要做例外处理。

“调查中发现被调查人的行为可能影响公众健康与安全或导致其他严重后果的，调查人员应立即报告，或按程序移送有关部门处理。”（第21条）“调查中发现关键信息不充分，或者暂不具备调查条件的。”（第22条）“被调查人在调查期间死亡的，可经单位负责人批准中止或终止调查。”（第22条）

其中，第一种情形应指被调查人的主观状态，包括精神状态、心理或情绪因素等处于非正常状态下。第二种情形中的关键信息应指客观因素，即关键人证缺席或关键物证缺失，导致调查不得不中止或暂停。第三种情形有附加条件，即终止调查须经组织调查的有关机构负责人批准。

此外，根据调查程序，以下情形也可进入例外程序：

被调查人提供了相关自证清白的材料，经核属实，不需要再进一步调查，经请示可终止调查。此时，例外程序和简易程序等效。

被调查人已经调离，有关言证或书证材料无法及时获取。此时应将调查情况按程序转至被调查人现在机构，请求协助调查。在实际工作中，机构也可以通过联系被调查人，要求其配合调查，或提供相关材料。一般情况下，被调查人应能给予配合。

技术层面的例外情形有：关键人证因个人原因只能通过电话、邮件或视频接受问询。此时应由调查组全体成员一起参与，听取或观看证言内容。例如，被调查人在国外、境外无法到场，或因突发情况、特殊原因无法到场，或有重要工作安排确实无法到场等。

涉密线索处理中，有关调查过程、事实和材料，应由相应涉密部门人员参与和认定。该程序可能会导致无法调阅或复印证据的情况，应由保密人员提供相关证明并交由调查人员。

无论上述何种情形，在调查过程中进行例外处理、导致中止或终止调查的，均应向组建调查组的部门报告，等待进一步的行动指导。

[思考题5：下面案例中适用例外状态吗？]

A为某已故知名科学家B之子。C机构为B生前所在机构。D为某著名科学家，也是B的同事，已去世多年。

A向各级监督部门举报C机构和科学家D，称C和D采用欺骗手段，长期侵占B的研究成果，使D获取了不应有的学术荣誉和相关待遇。C机构和教授D的亲属反诉A的行为是诽谤，侵犯了D的合法权益。双方曾几次诉诸公堂。法院经审理终审判决C和D胜诉。

A不服判决，向C机构上级监督部门再次举报。

问题1：该案例是否适用例外情形？

问题2：B和D均非在调查期间去世，是否适用《科研诚信案件调查处理规则（试行）》第22条规定的情形？

问题3：处理职务侵占行为的监督主体是哪个？

六、协议终止调查

方法千万条，有效第一条。所有的调查工作无一例外都追求迅速而明确的结论，谁也不想让调查陷入旷日持久的僵持状态。所以，调查的有效性也是学术调查关注的内容。笔者在统计美国ORI处理科研不端案件的数量时，发现了一种有趣的现象，即ORI非常善于用各种协议来处理学术不端案件[①]。

具体而言，ORI一般会采取两种协议形式——自愿和解协议和自愿排除协

① (a)HHS may settle a research misconduct proceeding at any time it concludes that settlement is in the best interests of the Federal goverment and the public health or welfare. (b)Settlement agreements are publicly available, regardless of whether the ORI made a finding of research misconduct. § 93. 409. (Settlement of Research Misconduct Proceedings[N]. Federal Register, 2005-03-17(III).)

议——来解决调查终止的问题。其中,和解协议的数量约占 40%,排除协议约占 50%,其他如行政裁决的数量约占 10%。

究其原因,这种安排是最大限度节约行政资源的做法。当然这同学术不端行为的复杂性、现有法规体系的不完备性也有很大关系。但就工作实践而言,用协议终止调查并结案是一个非常聪明的做法,其使用条件如下:

首先,调查组已经发现了某些或少量不端的行为,这些行为违背了某些科研规范,或者违背了大多数科研工作者遵守的价值观。但是,进一步调查,需要投入更多的精力,调查过程可能会耗费时日。

其次,调查组没有发现多少有价值的线索,但被调查者也未能提出有说服力的自证清白的材料。就此终止调查对双方而言都是最佳选择,因而双方均有意愿达成妥协。

再次,被调查者主动对已然存在的不端行为采取了一定的补救措施,且在调查组开始调查前或调查过程中,该措施已经产生了有利的结果或减少了不利的后果。则根据规则,可适用从轻处理或减轻处理。

最后,现有线索和条件不足以支撑更进一步的调查,但需要对被调查者的行为予以提醒或诫勉。双方由此均同意通过协议的形式终止调查。

协议调查在国内学术调查中鲜有案例。大多数由机构主导的学术调查中,是否存在通过或采取某种形式的协议终止调查的情形,因限于资料不得而知。但美国 ORI 的协议终止调查为学术监督部门提供了一种新的视角。那就是学术的问题,需要学术界共同发展新的手段予以解决。

因此,我们也不妨将这种方式看作在学术调查中参照“四种形态”理论解决实际问题的一种现实版应用。

第四节　学术调查正式程序

一、专家组的组成和行为守则

根据《科研诚信案件调查处理规则(试行)》的规定,学术调查采用行政调查

(Administrative Investigation)和学术评议(Academic Evaluation)的方式进行。其中,学术评议应组成专家组,成员不得少于5人,其中要包含同被调查人学科领域相同或相近的专家:

> 专家组应不少于5人,根据需要由案件涉及领域的同行科技专家、管理专家、科研伦理专家等组成。(第17条)
>
> 调查处理应严格执行回避制度。参与科研诚信案件调查处理的专家和调查人员应签署回避声明。(第44条)

根据工作实践,专家组的组成和被调查人的学术地位应相匹配。如果被调查人是院士,则调查组中至少要安排3位院士。这一点,在一些特定的调查中已经有制度规定。例如,院士增选工作中即有相关要求,根据某学部增选的有关规定,针对那些收到举报的候选人的调查,由相应学部指定3位院士进行,并实行回避制度①。

如果被调查人是机构负责人,则按程序需要由其上级主管部门实施调查。针对其他研究人员的学术调查,一般由第一主体责任单位负责。所有调查均应制订调查方案,报相应分管领导批准后实施。

一旦进入专家组,专家即应签署有关承诺书及回避声明,以遵守保密约定和避免利益冲突。根据工作实践,在进驻调查前,专家组成员不得私自留存、隐匿、摘抄、复制或泄露问题线索。在进驻调查期间,专家组成员不得单独会见有关人员,包括被调查人、证人或请托人等,不得泄露涉案资料和调查进展情况。在进驻调查结束后,专家组成员更不得私自联系或会见相关人员,包括被调查人、证人或请托人,未经允许不得透露或公开调查处理中的工作情况。

二、并行调查程序和注意事项

根据《科研诚信案件调查处理规则(试行)》第17条的规定,学术调查包括行政调查和学术评议两个部分。这两个部分的关系是什么呢?

---

① 中国科学院学部主席团. 中国科学院院士增选投诉信处理办法:1998年12月14日学部主席团会议通过,2014年9月29日学部主席团会议第六次修订[A/OL]. (2019-01-01)[2020-06-06]. http://casad.cas.cn/yszx2017/yszx2019/bfgd_2019zx/201812/t20181226_4683850.html.

笔者理解,这两个部分应该是同时进行、分头行动、互相支撑的并行关系,而非待行政调查结束后再进行学术评议的先后关系。

也就是说,在调查方案(Programme of Investigation)中无须区分两者的不同,但在执行时应分头、同时进行,且行政调查中对相关材料的核验,均要即时提供给专家组进行检视,作为专家组问询中的证据。同时,专家组在问询时获取的新线索,提到的新证据,也应及时通过行政调查予以核验,以形成有力的协调、配合效果。如有必要,相关证据还需要进行质证方为有效。

按照第17条、第19条的规定,行政调查中对合同、协议、发票、试验记录、论文、证书、考核表等材料的复印、摘录、拍照等,应按照有关程序,由相关部门进行确认,并制作材料移交清单,由双方签字确认,必要时要加盖被调查人所在机构的公章。

根据工作实践,需要核验的一部分证据是从问询内容中获得的,这些证据的获取要求行政调查和专家组问询密切配合。如果涉及较为复杂的线索,可商请被调查机构的监督部门协助调查。但主导权应该把握在专家组手里。

有人误以为第17条是将学术调查分成先后两个部分,行政调查在先,学术评议在后。似乎专家组不需要到现场,只需要看调查证据就能判断了。这种理解是片面的、不正确的。

实际上,依据第16条,学术调查从方案开始,就在调查队伍的设定上包括了两部分人员:从事行政调查的调查人员(没有人数限制)和从事学术评议的人员(有最低人数限制,且有专业领域要求)。用一句话概括就是:一支队伍,两种分工。

在具体操作中,就要求在一个调查周期内,同时完成两个分工内容的调查工作,且能形成支撑、配合。进一步,在第18条、第20条对言证获取的要求,更加明确了调查人员(不同于初核期间的工作人员)取得言证的技术规范。第19条则对物证取证进行了细节上的规定。本节其他条款也同样表明,调查结束,就应该有学术结论,除非出现例外情形(第21条、第22条)。

综上,行政调查和学术评议在调查阶段应不存在先后之分。其关系应是前述相互支撑、配合、协同的并行关系。注意,此处的学术评议,不同于调查结束后,组织专家组对调查结果的复议。两者是不同阶段的概念,在执行中不应混为一谈,否则会导致不必要的混淆。

根据对《科研诚信案件调查处理规则(试行)》调查部分规定的理解,结合工作经验，笔者认为学术调查（行政调查和学术评议）的一般程序如下：

(1) 拟定调查方案、程序、组建专家组，报分管领导审批后实施。

(2) 任命专家组组长，印发进驻通知，确认入驻时间、地点。

(3) 通知被调查机构有关部门负责人，合理安排好调查期间的正常工作。

(4) 专家组会商线索、方案和程序，专家签署承诺书。

(5) 专家组与被调查机构负责人见面，宣布调查开始。

(6) 分组问询，制作问询笔录。

(7) 行政调查同时开展，所有移交的材料均应经双方签字确认。

(8) 汇总相关证据，必要时进行补充调查。

(9) 专家组开展学术评议，撰写调查报告。

(10) 调查结论由专家全体签字后，与被调查人见面告知结论。

(11) 如有必要，调查报告提交给有关委员会进行再评议。

学术调查的一般程序的流程如图 3.5 所示。

三、学术调查证据的认定、收集和保护

学术调查证据，就其含义而言，指在学术调查过程中获取的、能证明存在或者不存在科研不端行为的主客观证据[①]。这些证据包括：

客观证据是由科研过程自然产生的项目合同、协议、发票、原始记录、实验材料、设备记录、科研论文、专利证书、考核结论、职务职称、荣誉情况等[②]，也被称为物证。

客观证据的获取应根据调查进展和实际需要，经过提供方和调查组双方确认，必要时经过质证，即可确认为有效证据。

相对于客观证据，主观证据即被称为言证的获取和确认过程较为复杂，需要费一番周折。

---

① 根据国际同行的实践，学术调查中的证据包括：任何能证实或证否指控事实的文件、有形物品或证词（NIH. § 93.208 Evidence），包括但不限于有关研究数据和建议、出版物、信函、电子邮件和短信等（Durham U. Procedure for the Investigation）。

② 《科研诚信案件调查处理规则（试行）》第 17 条指出：“行政调查……包括对相关原始数据、协议、发票等证明材料和研究过程、获利情况等进行核对验证。”

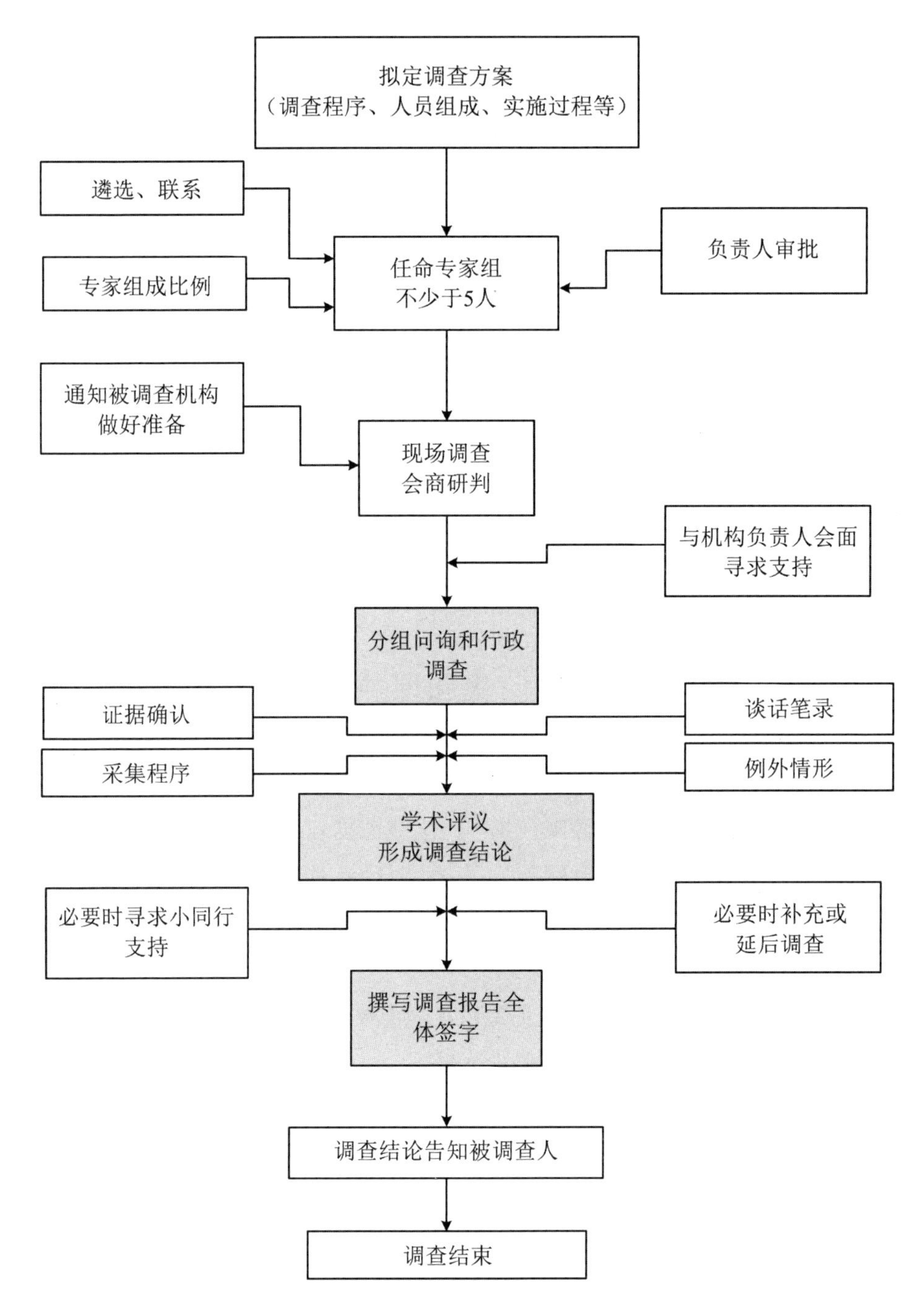

图 3.5　学术调查一般程序示意图

根据工作经验,该类证据目前在学术调查中尚未有统一的标准。但主观证据是用来判定被调查者在事件中的主观态度的,没有主观上的态度,仅有客观上的证据,所谓的学术不端行为很可能表现为大意、疏忽或不知道情况下的遗漏。而此种情况,对于大多数科研工作者而言,则很可能是一个普遍存在的状态。

故从某种意义上说,主观证据是证明主观故意的关键所在①,主要被用来判定被调查者是否存在知晓、故意、毫无顾忌②或隐瞒等明知故犯的情形,因而其在学术调查中往往具有十分关键的作用。根据工作实践,主观证据主要包括以下内容:

(1) 获利过程性材料。用于判定被调查者是否存在主观故意、知晓情况或未尽勤勉告知义务等。这类材料包括职务、职称晋升申报材料,相关项目、经费、奖励和荣誉申报及获批材料。

(2) 本人认知材料。用于判定被调查者对举报事项的主观认知状况,有无减轻或加重的情形因素。如谈话笔录材料、佐证材料、质证材料、补救措施等③。

(3) 其他辅助材料。如往来邮件、书信、承诺书、视听材料等,用于判断某一情节的自发状态。微信、微博、手机记录等电子证据可作为参考④,这些材料应尽量由被调查者、举报者或相关人员自愿提供。

上述证据的获取遵循优势证据原则,即在时间、数量、程度上与证明调查结论直接相关时,即可提供给专家组进行集体研判。经专家组审核同意后即作为证据使用⑤。

主客观证据一旦获取,应指定专人保管,并根据调查报告的内容,对所有证

---

① "正要人晓得一念发动处,便即是行了。"(王守仁.传习录译注[M].王晓昕,译注.北京:中华书局,2018:395.)引文主要用来强调知行合一,此处借用其一念发动的关键作用。

② ORI 在判例中常用的描述主观状态的三个词:Knowingly, Intentionally, Recklessly。

③ 《科研诚信案件调查处理规则(试行)》第 30 条(二)、(三)、(四)款规定的可从轻或减轻的情形认定,第 31 条(二)、(三)、(五)、(七)款规定的可从重或加重的情形认定,第 32 条(五)款判定情节轻重的因素,第 39 条规定可申请减轻的情形。

④ 《中华人民共和国刑事诉讼法》第 50 条第(八)中将视听资料、电子数据(须经查证属实)并列为一种新的证据种类,2020 年 5 月 1 日起正式成为法定证据。

⑤ 《科研诚信案件调查处理规则(试行)》第 32 条的以下条款提到时间、数量和程度:(三)行为造成社会不良影响的程度;(四)行为是首次发生还是屡次发生;(五)行为人对调查处理的态度。

据进行梳理、排序，作为调查报告的附件。

根据实践经验，上述证据一般应为强证据，即证据之间存在明显的因果关系、逻辑关系，并能形成证据链。对于弱证据的研究，目前尚无统一标准。但一般应以事实为准，疑罪从无。特别是如果是孤证也就是只出现一例证据，别无佐证的话，则秉承“孤证不立”的惯例，专家组在拟得出学术不端行为的结论时应予特别慎重考虑。

四、延伸调查：不当得利行为判断[①]

在确定主观证据时，可以根据需要，从不当得利的角度介入，判断被调查人是否存在故意、知晓、隐瞒等情形。时间是主观证据的关键点。明知有不当得利之便利而实施、隐瞒或以不知道为借口进行搪塞，都可以作为判定主观故意的依据。

在一例学术调查中，被调查人虽然自称事前并不知晓有关撤稿文章中的署名情况，属于被动署名，但进一步的调查了解却发现，被调查人在获知文章发表后，并未提出异议，也未将有关细节向所在机构进行报备，反而在进行职称评聘时，将该篇文章作为申报材料载明的科研成果之一提供给人事部门。这种情况就属于典型的隐瞒。

在另一类关于科技成果申报奖项的案例中，举报内容多为质疑所级领导为何排在一线人员之前，甚至多数情况下排在第一名。该类疑问即为该所级领导是否有侵占其他科研人员成果的不当得利行为。考虑到当前申报奖项中屡屡出现类似情况，故此类举报应慎重对待。

此类延伸调查的难点在于证据的获取，不能一概而论。由于报奖材料的内容多由机构行政部门审定，故要区分有关排序是否经历了正当程序，以及个人在多大程度上能对排名造成影响。换言之，被举报者是否存在不当得利的情形，一定要对其个人是否存在科研不端行为进行认定或者至少有部分认定，方能作为进一步调查的依据。而针对“权力”影响下的某种行政作为，并不是学术调查适用的范围。

---

① 利益的分配与道德问题密切相关，这与形势不妙时要在利益相关者之间分配损害或成本是一样的道理。（琼斯，乔治．当代管理学[M]．郑风田，等，译．3 版．北京：人民邮电出版社，2005：65.）

笔者认为,针对集体和个人荣誉排序的举报,其证据不属于同一类型,调查主体、适用规则也不在同一范围。故一般应将此类线索转出,由适当的调查主体认定清楚集体和个人的责任后,再进行判定。

此外,在进行延伸调查时,应特别注意不将学术调查扩大化。所有新的调查方向都应经专家组确认并报相关负责人审批后方可执行。

[思考题6:下面案例中有不当得利的行为吗?]

A、B为某机构内研究人员,A为B之课题组长。某日,B以第一作者身份向期刊投递学术论文,未经A同意(或未告知A),将该原署名A为通讯作者的论文,替换为C(课题组另一成员)为通讯作者。

文章刊出后,A向某机构学术委员会举报B违反署名规则。B在接受调查时陈述,论文为自己独立撰写,A只是提供了必要的研究经费和仪器,并未实际参与论文的撰写。A认为自己作为课题组长,虽未直接从事一线工作,但参与了相关研究和讨论,按惯例应署名。

该机构学术委员会调查后,认为不管如何署名,都是机构的成果,建议两人私下协议解决。协商未果后,再次进行了居中协调,将B另外2篇论文交予A,由A决定署名后发表。

在整个调查期间,没有人提出是否应对C进行调查。

问题1:试分析A、B之间是否存在不当得利行为?

问题2:某机构的调查和处理有什么不足的地方?

问题3:C在整个事件中处于什么角色?

问题4:如果该案发生在你所在机构,将会作何处理?

[思考题7:下面案例中的署名行为属于不当得利吗?]

A为B机构内科研人员,因科研成果颇丰,被提拔至该机构科技处担任副处长。一年后调至上一级机构C部门担任处室负责人。后因管理工作出色,被组织部门确定为B机构副职后备人选。在提拔公示期间,收到关于A的举报。

举报称A担任副处长后,其主要精力都在管理工作上,开展科研工作的时间不足,其成果多为原课题组其他人员完成,故举报A在多项科研成果中不当署名。

举报称A担任C部门处室负责人后,涉嫌利用职务之便,关照原单位和课题组,在其申报C部门科研项目中提供帮助,并涉嫌在随后多项科研成果中不当署名,指责其存在不当得利行为。

问题:如果A担任了B机构副职负责人,分管该机构科研仪器平台工作,则A能在使用该平台条件完成的有关科研成果中署名吗?

五、被调查人保护

一般以为,在国际同行的经验中,对举报者的保护强调得非常多,在国内,情况则正好相反。但事实上,各机构对被调查人应做到对等保护、以秉持平等原则,这就是学术调查中容易令人忽视的公平性①。在国内学术调查的实践中,对被调查人的保护被戏称为"护犊子"。

而过分地"护犊子",实际上最终会害了"犊子"。所以我们在此处讲的被调查人保护,是基于调查事实,将危害降到最低程度的保护。这种"保护",本质上是程序正义、公开透明、宽严相济。

根据对《科研诚信案件调查处理规则(试行)》的理解,笔者在从事学术调查时,发展了一种对被调查人进行保护的新方法。即调查终结时,由被调查者在获知调查结论后,在调查报告阅知单上签字。既然事实无法改变,在程序上尽可能保留温情。

有人会持反对意见,认为这一环节没有必要。也有人认为,尚未公布处理结果就让被调查者签字阅知调查内容,实为不妥。

其实,这正是学术调查中的被调查人保护要求所决定的。《科研诚信案件调查处理规则(试行)》第四章第27条规定:

> 在作出处理决定前,应书面告知被处理人拟作出处理决定的事实、理由及依据,并告知其依法享有陈述与申辩的权利。

在实际操作中,这一条款放在此处似有不妥。因为,这个阶段才告知被调

---

① Persons accused of research misconduct are given full details of the allegation(s) and allowed a fair process for responding to allegations and presenting evidence. Anyone accused of research misconduct is presumed innocent until proven otherwise. Published in Berlin by ALLEA (All European Academies). The European Code of Conduct for Research Integrity (Revised Edition). 3. 2. Fairness. (ALLEA. The European Code of Conduct for Research Integrity: Revised Edition[M/OL]. Berlin: Berlin-Brandenburg Academy of Sciences and Humanities, 2020: 9[2020-06-06]. https://ec.europa.eu/research/participants/data/ref/h2020/other/hi/h2020-ethics_code-of-conduct_en.pdf.)

查者有关处理的决定,是比较突兀且具有一定风险的。

以某著名高校的博士学位撤销案为例,被调查者仅仅在调查期间接受过调查组的一次简单问询,但并未在调查报告形成阶段、科研道德委员会开会期间得到陈述或申辩的机会,所以不接受学校撤销博士学位的决定并提起诉讼。该案后经两审定案,裁定被调查者胜诉。这一案例提醒每一个学术调查者要将被调查人的保护当作一件重要的事项看待。

实际上,在调查结束、调查报告撰写完毕时,专家组组长就应将调查报告或主要结论告知被调查者,使其有心理准备,也为日后实施处理时获得被调查者认可做好铺垫、打好基础。

在《科研诚信案件调查处理规则(试行)》的第六章第 47 条 ,更是直接指出:

> 调查处理应保护举报人、被举报人、证人等的合法权益,不得泄露相关信息,不得将举报材料转给被举报人或被举报单位等利益涉及方。

该条款显示,举报人、被举报人、证人的合法权益均应给予保护。笔者所实践的调查报告阅知单通知程序,是体现上述权益保护的有益尝试。其具体操作如下:

在调查结束时,由调查组组长或调查组全体成员与被调查者见面,宣读调查结论后,再由被调查者当场签署阅知单。如果被调查者当场进行陈述或申辩,获得专家组采信后,陈述或申辩内容可进一步制作成书面材料,附在调查报告后,一并提交学术委员会最终决定。如果专家组决定对陈述或申辩不予采信,则该环节仅以签署阅知单作为必要操作。

如果调查结论是未发现科研失信行为,则阅知调查报告或调查结论,也意味着被调查者提前获得了澄清文件的内容。当然,阅知单还有一个作用,就是同时保护了调查组。因为在阅知单上,通常会有被调查者对该调查过程的公平公正予以认可的内容。这些内容也同样是平衡性和透明性所必然要求的。

当然,如果调查报告未被学术委员会或上级监督机构通过,则调查结束后立即通知被调查者有关结论就显得莽撞。特别是当调查结论认为发生的学术不端行为属实,应给予相应惩戒处理,通知被调查人调查结果时更易产生矛盾。而解决该矛盾的唯一办法是调查组秉持公正、公平态度,实事求是地就主客观证据进行判定，得出客观公正的学术评议结论。

因此，如何处理该实践环节的程序合规性与调查结论的正确性之间的矛盾，将会是学术调查中贯彻公平性的实践重点和难点。

六、学术调查方法

学术调查工作是一项专业性和实践性都很强的工作，规范化、体系化、科学化是该项工作的长期目标。然而，学术调查应该采取哪一种或几种调查方法，文献中并无更多论述，工作中也无绝对权威。但若将一项需要长期开展的工作完全建立在某些个人的不可言说的经验之上，又似乎有些玄妙、荒诞和不专业，更不符合规范化、体系化、科学化目标建设的要求。

因此，对学术调查方法（Method on Academic Investigation）的探索，再进一步，对学术调查科学化的推动，也是对每一位从事学术调查的工作者提出的内在要求。笔者根据工作实践，结合国内外学术不端案例的研究，认为当前的学术调查所采用的方法，有参考价值的大致有以下几种：

一是案例参照法。主要用于参照相似或同类的案件及其处理结果，对调查对象不端行为的最终结果形成预判，或直接判定是否属于学术不端行为。这项工作一般由初核人员在形成调查方案时使用，主要应用于情节较轻、事实认定相对简单的案例。

二是证据反演法。即由调查人员依据现场获取的各种原始记录和证据，反推科研行为发生时的状况①，判断学术不端行为的可能性和严重程度。这项工作主要由调查人员在现场调查时使用。例如当被调查者声称在获取实验数据的时候进行了录像，则调查人员就应当调取当时的录像进行查验。当然，对于获取方式较为复杂、时间成本或资金消耗较高的证据，则应多利用小同行评价的方法进行。

三是现场调查法。即由专家调查组通过现场调查，综合言证和物证材料，

① 例如，被调查者宣称系采用观察法得到相关结果时，则调查者应对其观察的客观性、连续性记录进行审查，以发现是否存在（故意）遗漏、缺失、损坏的记录。如果被调查者宣称系采用统计法得到相关结果时，则应对其统计的工具、过程、数据、图表等进行审查，以判断是否存在违反统计规律、方法的行为。如果被调查者宣称系采用调查法得到相关结果时，则应对其调查范围、数据获取过程的真实性进行审查。

依据调查规则和学术规范，对调查对象的行为进行学术评议，形成调查结论，完成调查报告。这种方法是当前学术调查较多采用的方法。评议时可以采用“议决制”或“票决制”的形式完成。鉴于议决制形式易对专家提出独立意见形成某种程度的干扰，影响专家的判断，所以这种方法以专家独立、依次形成对调查事实和结论的认定为最佳。但在实际工作中，以专家逐一表达意见，形成一致结论为次优选择。在票决制中，一般以针对重大意见分歧进行投票形成多数意见为最优。

四是委员会调查法。即由学术委员会或科研道德委员会召开合规有效的会议，要求被调查人员报告被调查事项的缘由、展示原始记录、回答委员会的提问，最终经过投票的方式，形成调查结论和报告。此种方法将学术调查和评议合为一体，仅适合于学术委员会或科研道德委员会工作机制较为完善的情况。

五是专家组复审法。一般用于对已经完成的调查进行复审。即由学术监督机构选取有关同行专家和科研诚信专家组成专家复审组，结合指控和业已形成的调查报告，对是否存在学术不端行为进行判定和表决，再根据多数专家的意见形成最终调查结论。

六是函评法。一般用于针对学术论文的调查或复审。即通过函评的方式交由专家对是否存在学术不端行为进行判断，再根据事先确立的统计方法对专家的结论进行汇总，得出最终结论。采用此种方法时，应采取必要措施，使各专家之间保持互不知晓。

七是审计法。通过审计的方法切入学术调查，主要用于对研究经费的审计。根据审计的结果来判定是否发生了真实的科研行为，或者已经发生的科研行为是否存在某种违规的事实。通常这种方法需要委托专业的审计师事务所来进行，从中筛选出需要的线索。因而该方法仅作为辅助手段，用于配合并支撑专家调查组的工作。

八是时间线法。通过梳理时间线的方式，将某一具体时间前后的事实进行列举，或对某时间起点后的事件进行列举，以判断事件之间的因果、递进关系。这种方法多用于处理抄袭、剽窃等行为。也可以用来判断是否不当得利、揭示被调查者的主观动机等。

当然，上述枚举并非学术调查方法的全貌，也不一定准确，仅为笔者了解到的、在工作实践中由部分机构实施学术调查时较多采用的方法，由于资料收集所限，此处不予一一赘述。可以预见，今后随着《科研诚信案件调查处理规则（试行）》的深入应用和不断完善，大量学术监督机构还会发展出、应用到更多行之有效的调查方法，我们不妨拭目以待。

七、透明性或其他①

调查的透明性（Transparency）一直以来是颇受诟病的部分。在新冠疫情早期，国家卫健委派出的两批调查专家得出的结论，极大地影响了人们对武汉地区疫情的认知，从而连续引发了激烈的社会舆情。同一时期，科学家在国际知名期刊发表学术论文，由于样本所限，也被指责隐瞒实情。

然而所有调查的透明性都并非可以直视并穿透。换言之，透明性有较多的限制条件。例如专家组的专业限制、调查时间紧迫、被调查者提供误导信息等，都是无法保持透明性的重要原因。但更为重要的是，调查过程中尚有许多亟待解决的问题。

首先是对专家身份能否公开要权衡。如果将其姓名、职业、机构、专业等信息公之于众，甚至违法实施现场直播，则对其得出学术结论将产生不可预测的影响。在前文中提及的“网传举报人”致参与某机构自行组织的调查中各“调查专家”的信，可以看出过分要求透明性的某种负面效应。换言之，如果处理不当，调查的透明性会对专家们造成一定程度的困扰。

其次是要遵守委员会学术评议的合规性。且不论委员会召开的频次，单单就一次学术调查会议能否顺利召开、能否有足够人数的委员与会表决就是一个非常现实的问题。如果这一环节未能得以有效解决，则不仅会影响调查的最终结论，而且会因为程序瑕疵而导致学术调查的失败。

最后，要重视学术调查本身的合规性。调查组的进驻、离开、谈话范围、调查内容等，都会引起外界的猜疑，也影响着公众对透明性的认知。截至目前，学

① 在2020年初新冠肺炎疫情暴发期间，“公开、透明和负责任”成为中国政府应对疫情的基本指导思想。因而，此处在讨论调查的透明性时，一般也采用上述含义，即透明性与公开性及负责任联系在一起。在美国疫情暴发期间，各州对早期新冠肺炎病例的统计口径不一，最早病亡案例时间多次被刷新等，这些显示美国政府在新冠发病数据上并非透明或公开，其展现的也是不负责任的态度。

术调查尚未有一整套法定意义上的程序[①]。因为执行调查过程的偏差，无可避免地会使得学术调查结果呈现出多样性。

而质疑透明性问题的人，主要是质疑调查、评议的过程等无法对外界呈现，而较少针对专家本人进行质疑，这一方面是从心理上对专家调查的一种认可。但另一方面也说明，以个人信誉为学术调查担保，也是学术调查中专家治组精神的一种外化或延伸[②]。说到底，这关系在学术调查中保持透明性的限度问题。

就笔者的认识，学术调查中经常提到的透明性有相当大的局限性，主要表现在以下几个方面：

一是透明性本身内外有别、上下有别。透明性对上级、本级监督机构而言，要大于对下级、外部的透明性。针对上级需要知道的内容，应保持尽可能详细，而不能遮遮掩掩。对外界尤其是媒体想知道的内容，则应尽可能简明扼要。

二是透明性要求尊重事实、合规有序。先厘清事实细节，再对外公开结论。这体现出透明性是一个逐步呈现的过程，不是一开始就透明，而是根据事实和形势要求，从“不透明”到“半透明”再到“全透明”，有序递进，不然会触发其他非学术的问题。而学术调查针对此类非学术问题通常是束手无策的。

三是透明性是相对的而非绝对的。哪些内容可以保持透明，针对什么人保持透明，保持多长时间的透明，在何种范围内保持透明，都是技术性很强的工作。这些都体现了透明性的相对性而非绝对性的特点。

因而，那些针对透明性进行指责的人忽视了上述特点，在某种程度上隐含了一种不负责任的企图。特别是当那些不承认自己进行了举报行为，但又时时刻刻拿透明性做文章的“举报者”出现的时候，透明性很容易就被当成了一种挡箭牌。

实际上，正如本书中所述，透明性应该从最初的学术规范教育开始，向所有从事学术研究工作的人员明示。对每一个举报者或受到学术调查的人而言，不

---

① ORI要求机构在调查前必须通知被调查者，实际上就是一种对调查透明性的要求。原文：Covered institutions must notify the respondent of allegations of research misconduct before beginning the investigation.（The Institutional Inquiry Section 93.307(b)[N]. Federal Register, 2005-05-17(28383).）

② “同行评议制的关键在于选择同行专家时，需要考虑他们的研究领域及水平……个人品质、职业道德等因素”，“迄今为止还没有一套可行的方法来完全代替同行评议在学术评价中的作用”。（叶继元，等. 学术规范通论[M]. 2版. 上海：华东师范大学出版社，2017：266.）

必过于纠缠学术调查中的某些具体细节，而应尊重其方案、过程、结论和执行的合规性。

“杨柳乍如丝，故园春尽时。”对透明性的过度追求甚至道德绑架，会在一定程度上影响学术调查的公正性和权威性，处理不当也终将对机构或被调查者的合法权益造成不可估量的负面影响。妥善处理透明性问题，体现了诚信治理中的艺术性和科学性相平衡的特点。

第四章　学术调查结论

第一节　调查组对调查的结论判定

一、证据标准

学术调查中的证据(Evidence)是判定是否存在学术不端行为的关键材料[①]。根据对调查结论的支撑性强弱情况，可以分为强证据(Strong Evidence)和弱证据(Weak Evidence)两大类型。根据证据材料本身的功能，则可以再细分为时间证据、核心证据、优势证据、合规证据、涉密证据等。

强证据是指一系列证据之间形成强烈的逻辑关系(一般为因果关系)从而使各证据之间形成关系密切的证据链。因为其逻辑性、关联性强，使人无可辩

---

①　张保生、王旭《中国证据法治前进步伐(2017～2018)》中，讨论了证据规则的若干重要问题和实践中的应用，其中，公安机关“证据标准”包括“事实、情节、后果”以及取证时“主观认知、客观条件、外来因素”造成的取证失误；监察机关规定“证据除实物证据外，还包括证人证言、被调查人供述和辩解等言辞证据”，对证据能力、证明标准和质证的讨论；法庭科学鉴证进展的论述，向我们展示了司法领域证据科学的发展。(张保生，王旭. 中国证据法治前进步伐：2017-2018年[J]. 证据科学，2020，28(1)：5-45.)

驳或不容置疑。这在证据收集中是最理想的状态[①]。

例如关于抄袭剽窃的证据中，单篇或部分章节“重复率”达到或超过 90% 以上，该重复率就形成强证据。而整篇文章如果被查重软件确定为重复率达到 30%，则应及时引入专家判断。

弱证据不具备上述强证据的特点，而是指需要其他证据支撑的、相互之间关联性不强的证据。即所谓 A 并不直接导致 B。如果仅有这些弱证据，则调查结论可能不可靠，或者经不起仔细推敲。

例如调查关于导师学风是否良好的证据中，导师与学生之间的往来邮件、短信、微信中展示的内容，就是弱证据。如果实在没有其他证据，这些内容也可以拿来做参考。但真正的证据应向团队中其他同事或学生多方求证而综合得出。

又如工作中经常碰到举报者精神状态不稳定的情况。多数机构将关注的重点放在举报者存在精神疾病，因而暗示其举报不可靠，但往往忽视了被举报者是否确实存在学术不端的问题。

再如调查科研工作中是否尽责的证据，应围绕项目预研记录、科研合同、组会记录、研究过程文件等予以证明。这些证据一般应能实现交叉互证。

在弱证据中，最容易形成孤证。一般情况下，孤证不立，即不宜以孤证得到确定的结论。在强证据中，很容易拿到双证。而双证则是得到确定结论的最低限度。

时间证据(Time Evidence)：被调查者从事该项工作或实施某种行为的最早时间、离开某项工作或终止某种行为的最晚时间的事实证据。

以抄袭剽窃为例，在实施查重后，如果重复部分发生在被抄袭文章写就之前，则即使重复率很高也不能判定为抄袭。但重复发生在被抄袭文章之后，则可以判定为抄袭。所以时间证据在判定抄袭剽窃的调查中经常使用。

在不当得利的调查中，被调查者利用被调查事项、成果、论文获得职务职称、荣誉、项目、经费等结果发生的时间，也是判断的证据。

---

① 在 2018 年长春长生疫苗造假事件后，我国加快了疫苗安全的立法工作，于 2019 年通过了《中华人民共和国疫苗管理法》，其中第四章“疫苗的流通”详细规定了疾病预防控制机构、接种单位、疫苗上市许可持有人、疫苗配送单位应当遵守的疫苗储存、运输管理规范，是对强证据(链)的最直白的立法宣誓。(全国人民代表大会常务委员会. 中华人民共和国疫苗管理法：主席令 13 届第 30 号[A/OL]. (2019-06-29)[2020-03-02]. http://www.law-lib.com/law/law_view.asp?id=646919&page=2.)

再以撤稿论文为例，如果该论文被裁定为存在严重不端行为，则使用该论文获得的奖项、荣誉、项目、经费、职务职称等，应予以撤销[①]。

核心证据(Core Evidence)：在调查中发现的一系列证据中，存在符合学科领域惯例或传统的强证据。

例如在古生物领域，化石是核心证据。根据惯例，拥有化石的人，在署名、荣誉等方面具有优先权。

优势证据(Preponderance Evidence)[②]：在调查发现的一系列证据中，存在若干个证据在否定相反的事实后，仍能有力支撑调查结论，则这些证据构成优势证据。例如在调查中获得的关键人证、物证即属于优势证据。

合规证据：在调查中发现的证据，属于依照某种特定规则方能予以确立的证据，则这些证据的获取和认定应符合该规则的特殊要求。

例如在科技成果申报奖励或荣誉的过程中，如果公示期无异议、公示期间未收到异议或已经过了异议期，这些事实即可作为合规证据，支撑报奖行为合乎报奖规则的要求。

例如在相似性检测中，相似性过高与重复之间、重复与抄袭之间，形成某种合规的约定，经专家判断后即可得出相应的结论。

再如在署名争议中，应参考国内外署名规则的不同认知进行综合判定。由于国内普遍强调通讯作者的地位和作用，而国外则重点强调第一作者的地位和作用，则调查人员在判定署名争议时根据是否合乎相关规则即可作出相应判断。

再如在专利申报中，某项专利的申报行为并不以是否进行了相应的具体实验为先决条件，而是基于知识产权的保护，则对其开展调查时就应充分了解专利申报的合规性，并将其与学术造假等行为予以适当区分。

涉密证据：特指符合相应的涉密条款而确定的证据。此类证据的获取、阅

---

① 吕骞. 科技部贺德方：大力弘扬科学家精神 严肃处理学术不端行为[EB/OL]. (2020-05-19)[2020-06-02]. http://scitech.people.com.cn/n1/2020/0519/c1007-31715294.html.

② 参考美国 HHS 对证据标准和证据优势性的条款：§ 93. 106(a) Standard of proof. An institutional or HHS finding of research misconduct must be proved by a preponderance of the evidence. § 93. 219 Preponderance of the evidence means proof by information that, compared with that opposing it, leads to the conclusion that the fact at issue is more probably true than not. (Handling Misconduct - Inquiry & Investigation Issues[EB/OL]. (2000-12-06)[2020-06-02]. https://ori.hhs.gov/ori-responses-issues.)

知、复印、保存均需要进行特殊处理。一般应进行脱密处理后，再执行上述操作。

各证据间一般为因果关系、相关关系(如图 4.1 所示)。如果为因果关系，则需要形成证据链，即形成所谓的强证据或优势证据。而相关关系则不一定具备证据链的特点，在此情况下，由于各证据之间是并列的、相对独立的关系，其是否存在相关关系应由专家组或学术委员会判断，以达成共识或多数意见的形式予以确定。

二、举证责任[①]

学术调查中对上述证据的举证责任属于专家调查组。调查组通过行政调查，对上述证据进行合规收集，并在学术评议中对所有证据进行审定，排除不合规证据，最终汇总所需证据并形成证据链以支持调查结论。针对撤稿论文中失信行为的证据收集，除调查组通过学术调查收集外，同时应参考期刊编辑部发布的撤稿声明进行综合判断。

被调查人在陈述和申辩中提及的证据，同样负有举证责任。特别是被调查人在调查期间提供的用以"自证清白"结论的所有证据，均需要主动提供。在调

① 参考美国 HHS 对举证责任的条款：§ 93.106(b)Burden of proof. (1) The institution or HHS has the burden of proof for making a finding of research misconduct. The destruction, absence of, or respondent's failure to provide research records adequately documenting the questioned research evidence of research misconduct where the institution or HHS establishes by a preponderance of the evidence that the respondent intentionally, knowingly, or recklessly had research records and destroyed them, had the opportunity to maintain the records but did not do so, or maintain the records and failed to produce them in a timely manner and that the respondent's conduct constitutes a significant departure from accepted practices of the relevant research community. (2) The respondent has the burden of going forward with and the burden of proving, by a preponderance of the evidence, any and all affirmative defenses raised, in determining whether HHS or the institution has carried the burden of proof imposed by this part, the finder of fact shall give due consideration to admissible, credible evidence of honest error or difference of opinion presented by the respondent. (3) The respondent has the burden of going forward with and proving by a preponderance of evidence any mitigating factors that are relevant to a decision to impose administrative action following a research misconduct proceeding. (Handling Misconduct - Inquiry & Investigation Issues[EB/OL]. (2000-12-06)[2020-06-02]. https://ori.hhs.gov/ori-responses-issues.)

查结束、处理措施执行前，被调查人仍可以提供相应证据。在执行处理措施期间，被处理人按照《科研诚信案件调查处理规则（试行）》的有关条款，可以主动提供减轻、从轻处理的证据①。

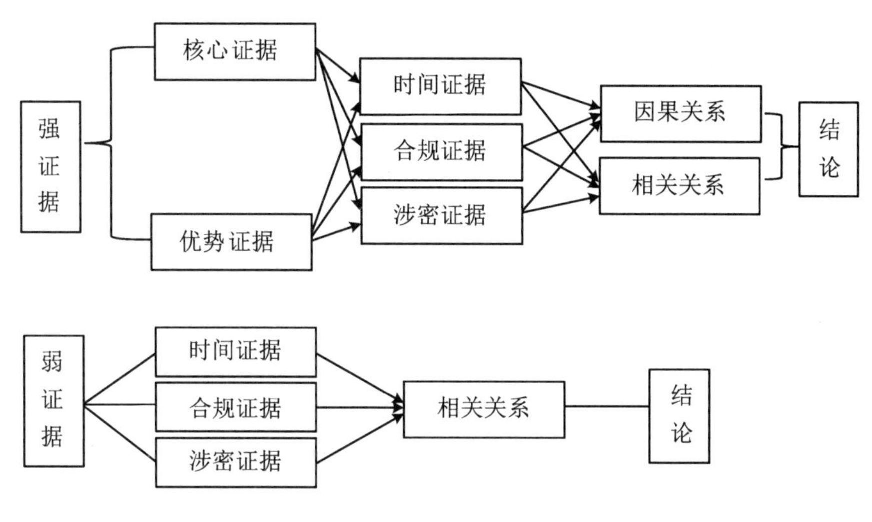

图 4.1　各证据关系示意图

三、过程审定

首先要确定调查程序是否合规。调查组要对调查方案的获批情况、调查方向、调查范围、是否涉密等一一审视，确保调查过程始终在方案允许的范围进行。如果发生调整调查方向、范围等情况，则要确定是否依规履行了审批程序、审批结果如何等。如果涉及伦理审批情况，那么上述过程中还要增加对调整方向后的伦理审批过程进行确认的内容。

其次是确定调查取证过程是否合规。调查组应对调查所涉及证据的来源、关键及重要证据的获取方式、取证过程等进行一一审视，确保来源、方式、过程合规，取证手续完备、有相关方签字（章）或第三方鉴证完整，以及对调查人员是否在规定的时间和程序下，同被调查者见面、谈话并听取陈述或申辩情况等进行审定。

再次是确认言证、物证是否同调查报告匹配。调查组要对言证材料进行审

① 《科研诚信案件调查处理规则（试行）》第 30 条和第 39 条。

核，对问询材料上载明的有关信息进行核对，如是否有问询人和被问询人的双方签字等。对相关物证、书证材料的确认，主要看是否履行了必要的手续，对需要质证的重要证据是否执行了质证等，以及上述材料是否一一对应，是否和调查报告的主要内容相匹配等。

对调查过程的合规性审定常常为学术调查者所忽略。但该环节并非是可有可无的花瓶，而是涉及程序正义问题。对程序的忽略有可能造成调查结论的不可靠，有时甚至导致整个调查被推倒重来。

程序正义也是正义，每一位从事学术调查的人都要始终铭记在心。

四、证据排除

专家组在审定证据材料、审查过程文件的同时，要对某些不合规的主客观证据予以排除，哪怕这些证据非常关键。无法排除的，可以统一列入调查报告的其他附件中，供学术评议时参考。设计证据排除环节的主要目的，是尽可能做到调查结论的客观性和公正性，即达到不偏不倚、不臆测、不武断的状态。

需要指出的是，证据排除不是一个必须经过环节。一切以保证调查报告完整性为基本要求。证据的排除需要所有调查专家集体研议、一致认可后再予以实施。

[模拟案例 5]

A机构研发一款某类新药，被监管机构有条件批准上市后遭到学者质疑。质疑者列出新药主要研发人B署名的5篇论文，指出其中存在重复使用图片的情况。还有学者指出其与新药相关的某篇论文，也存在图片重复情况，或某项研究指标背离等，以此质疑B学术不端，进而否定该新药的效果。A机构在组织专家调查后，召开学术委员会进行会议核查。结果显示图片重复的情况为各篇论文的第一作者疏忽导致，但不属于科研不端。

需要排除的情形：是否故意？是否经常发生？是否有合理解释？经调查发现：

(1) 合计5篇论文中，2篇被质疑的论文均保留了原始数据和图片。论文在提交给期刊的同时提交了相应的原始数据和图片。图片经过杂志的严格审核，论文经过国际同行评议无误。2篇论文不存在学术不端行为。

(2) 在另外1篇和新药相关的论文中，同样保留了原始数据和图片。但第一作者C在制图过程中，误操作将图片混淆，致使选用了另一幅较为接近的图片，导致该图未达到本应展示的效果但不影响论文的科学结论。更正该图的申请也获得了期刊编辑部的同意。

(3) 在其他2篇论文中，存在重复用图的情况，但第一作者D提供的原始数据和图片显示，同样是在制图过程中发生混淆，导致图片选取有误。该图对结果没有影响，更换该图不影响文章的科学结论。经向期刊编辑部申请更正，获得了同意。

(4) 在学术委员会的会议核查中，3篇论文的第一作者和通讯作者代表所有作者承认错误，做出检讨，并提供原始数据和图片，提出加强改进的措施。

(5) A机构学术委员会经过现场提问，听取作者解释，集体讨论并逐一投票，一致认为5篇论文的作者均不存在科研不端行为，但仍对所有作者提出批评，并提出加强论文排查和审核、加强学风建设的建议。

考虑到科学研究具有相当的风险性和不确定性，在科研过程中可能会发生非主观的错误行为，这是“诚实的错误”存在的理由。该理由鼓励科学家做大胆的探索，从而保持创新精神。

在该案中，核心的原始数据和衍生的图片并未丢失，显示作者们并无主观的造假动机；修回发生混淆的图片并不能推翻原有结论，且期刊同意勘误。这种在不改变原始数据的前提下，在制图/选图过程中发生的疏忽，属于典型的“诚实的错误”。而根据学术界共识，诚实的错误不属于科研不端。

较为著名的例子是，美国化学会周刊在2017年9月刊发了一则不列颠哥伦比亚大学学者Chris Orvig主动撤稿后重新刊登论文的消息，称该学者15年前的一篇论文得出的某化合物分子结构，由于原始数据不支持该结构，在后期实验中始终无法重复，而是生成可重复检验的新的分子结构。该结果通报给期刊后，期刊决定撤稿并重新刊登新结论，并认为这是对科学研究自我修正的认可，作者犯了诚实的错误①。

由于诚实的错误并无具体定义，而又时常在科研全过程中发生，如发生在“对数据的解释和判断”或“设计并执行试验中”或“在推导结论时”②。尽管发

① https://cen.acs.org/articles/95/i36/Chemist-retract-15-years-old-paper-and-publish-a-revised-version.html.

② Nicholas H. Steneck. ORI Introduction to the Responsible Conduct of Research[EB/OL]. (2007-08)[2020-06-02]. https://ori.hhs.gov/sites/default/files/rcrintro.pdf.

生这种情况并不会对科学结论产生实质性、颠覆性的影响，但仍然要高度戒备其导致学术不端的可能性。

基于这种认识，笔者认为，应对学术诚信领域普遍存在的“诚实的错误”进行技术层面的约定，以指导学术调查工作。笔者总结本案例具体情形并查阅学术文献、请教专业人士和学习历史案例，认为客观上有三条认定“诚实的错误”的金标准①，把握这三个标准，对于学术监督工作具有重要的实践意义。

金标准之一：科研人员能提供原始数据。

金标准之二：错误未产生新的研究结果。

金标准之三：错误的发生可以合理解释。

这三条金标准兼顾了客观证据和主观证据，符合学术调查的工作需要。在上述案例中，因疏忽而产生的选图/制图过程的错误是可以理解的，其对产生错误原因的解释也是可以接受的。鉴于此，A机构的上一级科研道德机构认可了该核查结论，同意终止调查。

这个案例说明，开展学术监督的目的不是为了“动辄得咎”，揪住错误的小辫子不放或仅仅为了监督而监督，而是通过必要的监督维护学术诚信的环境，涵养良好的学风。

孔夫子有云：“过而不改，是谓过矣。”所有学术调查人员应对在监督过程中发现的属于“诚实的错误”的情形予以审慎研究、客观取证并综合评估，而不是上来就一棍子打死。总之，既要达到加强监督工作和促进学术研究的某种平衡，也要为负责任的科学研究工作保驾护航。

也就是说，在一件诚信案件中虽未发现科研失信行为，但可能存在学风作风不严谨的问题。反之，尽管作风、学风务实低调，也可能发生诚信缺失的行为。因而不能将作风、学风和诚信问题混为一谈，更不能借机把所有工作推给科研诚信建设部门②。关于科研诚信建设同作风学风建设的关系如图4.2所示。

---

① 对该标准形成有同等贡献的还有中科院监审局的宋利璞和杨卫平。当然，学界特别是期刊出版行业对诚实的错误也有实际操作上的约定。例如国际医学期刊编辑委员会（ICMJE）就规定，这种错误以不改变研究结论的指向或意义为要。（Correction and Retraction Policies [EB/OL]. (2019-12-17) [2020-01-09]. https://authors.bmj.com/policies/correction-retraction-policies/.）

② 侯兴宇. 浅谈作风、学风和诚信的关系[N]. 中国科学报，2020-07-17(4).

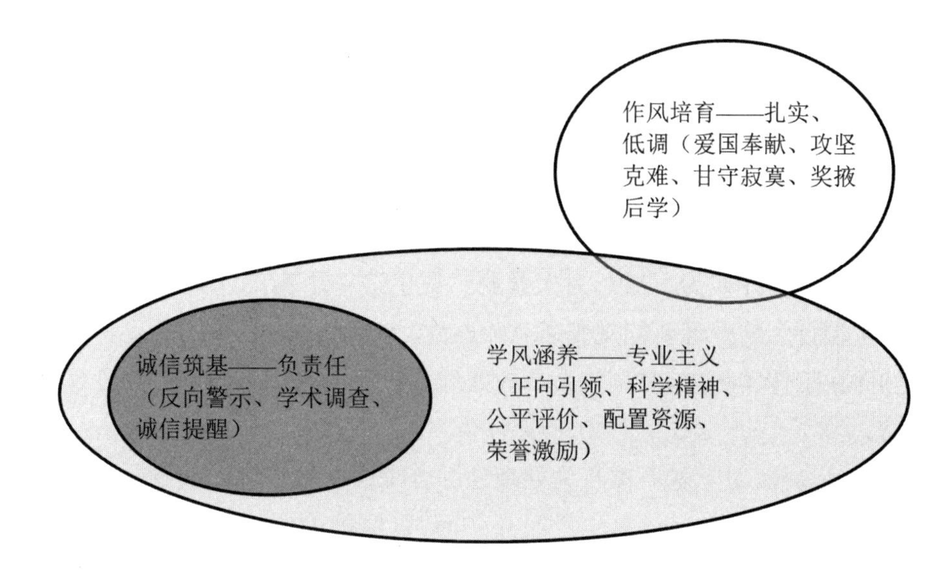

图 4.2　科研机构的诚信、学风和作风建设关系星轨图

五、平衡性

所谓平衡性(Balance)，在此讨论有两层含义：一是指对举报者和被举报者的保护要平衡①，二是指对不端行为人的具体处理应保持适度的平衡。

对举报者——有时称为吹哨人——的保护，是任何监督体系都需要首先考虑的问题，但真正做到却很不容易。国外有所谓的吹哨人保护制度②，国内对举报者的保护尚处于摸索阶段。对于依托于现有治理体系组建的监督部门而言，保护举报者还有很长的路要走。

相对而言，当前国内对被举报者的保护还是可圈可点的。特别是在被举报者具有一定的特殊身份的情况下，对其过度的保护——有时变成了袒护，实际上成了监督工作有效实施的某种障碍。

因此，在这里讨论保护举报者和保护被举报者的平衡性，既有改变上述现状的考虑，也有补偏救弊的意图。真正要实现两者的平衡，进而保护应该保护

① 在此含义下，平衡性等同于公平性。在第二种含义中，平衡性不等于公平性。

② 学者彭成义研究指出，美国(1989)、以色列(1997)、英国(1999)、南非(2000)、新西兰(2001)、日本(2006)、加拿大(2007)、荷兰(2010)、韩国(2011)等国家，先后完成了吹哨人保护立法。(彭成义.国外吹哨人保护制度及启示[J].政治学研究，2019(4)：45.)

的权利、维护应该维护的公平,应为平衡性的本意[1]。

在这个意义上,应将保护举报者和保护被举报者的平衡严格限定为合法合规权益的平衡:知情权、陈述权、申辩权以及法律法规确定的合法合规的其他权利。这些权利是并不容易真正实现的。特别是在举报者和被举报者的身份地位等产生巨大悬殊的条件下更是如此。

第二种平衡并非为不端行为人开脱。提出这一平衡的初衷是希望对已经查实的不端行为的处理要同规则条款相匹配,更要和不端行为的严重程度相匹配。然而在工作实践中,对具体人员的处理往往超出对学术不端行为处理规定的范畴。

在一些高校,对学术不端行为处理还综合考虑了被举报人的身份。这些学校认为应该对学生和年轻的学者网开一面,以保护他们从事学术研究的积极性。如前述香港大学对学生的调查处理就是如此。国内中西部地区的一些研究机构或高校,则从人才引进难度高于东部同类机构的角度出发,希望对存在学术不端行为的学者执行较轻的处理。

在另一种场景中,机构在处理学术不端行为人时,还兼顾了以往处理的轻重程度。如果在该机构历史上从未出现过因学术不端而被解除聘用合同的情况,则很大程度上不会考虑对严重不端行为作出解聘的处理[2]。如果是降低岗位等级的处理,则往往只在同一级岗位进行降低处置,除非有外部力量的干预,否则很少作出从上一个等级降为下一个等级的处理。

而在不同的机构,类似甚至同样的不端行为处理起来结果都大相径庭。这也是科技主管部门大力推行调查处理规则统一的主要原因,也是2017年科研诚信建设联席会议强势介入“107篇论文撤稿事件”的主要原因。正是基于上述考虑,2019年《科研诚信案件调查处理规则(试行)》的出台,为平衡性的讨论提供了坚实的制度基础。

我们来看下一则案例。

---

① 在网络舆论的场景中,对被举报者的“霸凌”有时也是一种失衡。在事件没有调查清楚之前,对被举报者的人名、肖像、经历和亲属关系的曝光,则走向另一个极端——有罪推定、未判先定。

② 主动辞退劳动者、决定解除双方劳动关系,应符合相关法律规定。因此将辞退变为辞职,缓慢处理并依规送达相关文书,是机构规避法律风险的常用做法。(战飞扬.公司合规:创始人避免败局的法商之道[M].北京:人民日报出版社,2019:190-191.)

［模拟案例 6］

某国内著名高校负责人 A 被同行在 Pubpeer 网站上揭露论文图片疑似重复使用。鉴于涉及的论文数量超过 40 篇，引发网络舆情。国内一些网站、微信公众号文章认为，A 属于学术界名人，靠长期造假上位。甚至有媒体扒出 A 早年所撰写的研究中医的论文，质疑其学术道德存在问题。

A 所在团队相关论文第一作者 B 等其他人的初步回应显示，经审核这些论文的原始数据和大部分图片不存在问题，也不影响研究结论；其中部分图片在选取时发生了错误，修回后也不影响文章的结论。其他论文的情况正在逐一核实中。未回复早年的论文情况。

随着舆情延烧，A 所在的某学术荣誉授予单位 C 院发声，拟开展有关学术调查。

该案例中，国内外舆论不尽相同。在舆情爆发后，Pubpeer 网站的质疑者认为，自己作为一位专业审查图像的研究者，只是指出了相关论文的图片存在较高相似度的现象，并未主观判断论文存在不端行为。言下之意，其他解读不符合其最初的意愿。

相较之下，国内舆论就属于未判先定的“带节奏”情况。在这种背景下，机构需要谨慎处理该事件，既要展示对严重不端行为的零容忍，又不能因为网络舆论汹涌就降低了学术调查的专业性。

根据《科研诚信案件调查处理规则（试行）》授予的权力，凡属于论文发生问题的，应由第一作者或通讯作者单位开展调查。论文所发的期刊有义务配合调查，将期刊编辑部掌握的线索、意见、结论和拟采取的处理决定告知调查单位。

同时，《科研诚信案件调查处理规则（试行）》也明确规定，如果论文作者属于机构负责人，则应由其上一级单位主持调查。此时，若该高校属于教育部部属高校，则应由教育部出面调查并回应。若该高校属于部委或省教育厅管理的高校，则应由部委或省教育厅主持调查。因此，授予学术荣誉的 C 院发声似有越位之嫌。

当然，学者们在 Pubpeer 网站对同行的论文提出质疑，属于正常的学术批评。应该首先由被质疑者对质疑部分进行回应。如果被质疑者拒绝回应，质疑者再公开质疑，并寻求学术共同体的支持。如果以上行为都未得到回应，再进行举报。这是解决学术争议的正确途径①。

也即是说，在本案例中，Pubpeer 上的质疑，其性质原为学术争议，但经过国内媒体发酵，形成媒体披露的举报线索。按照《科研诚信案件调查处理规则（试行）》第 15 条第三款的规定，有关单位对媒体披露的科研失信行为线索，认为符合受理条件的应主动受理，主管部门应加强督查。

因而我们可以说，在该案例中，教育部应该主动受理该案，科技部应加强督查。有了不端行为的调查结论后，C 院再按照《科研诚信案件调查处理规则（试行）》第 36 条有关规定进行处理。

在该案例中，被质疑文章所发表的期刊始终未对相关质疑进行回应。客观上即表明期刊并不认同有关不端指控。所以，一旦将来调查结论为不属于科研不端行为，那些未经调查结论公布就传播学术不端已实锤的自媒体，就真的是在传播不实信息了！

六、调查报告中的最小共识原则

调查报告的撰写要遵循最小共识原则，也就是应当遵循所有专家一致同意的内容或形成统一意见的内容。无论议决还是票决，专家们都会对事实部分、证据部分、结论部分形成一致意见或多数意见或不同意见，只要这些意见建立在描述客观事实、判断主观意图、分析严重情形、得出准确结论的基础上，并经过了专家们的充分讨论，体现了每一位专家的意见，则这些内容就代表了专家的共识。其中，意见一致的部分就是最小共识。

在日常工作中，我们经常发现有一些调查报告将可能给予减轻的情形置于客观事实之前，以提前给后续的惩戒措施“降温”。这种排序有一种替被调查者“开脱”的意味。实际上，对于那些本来应该受到较重处理的不端行为，这一操作带有明显的“先入为主”或“误导”的手法，为相关处理建议“减轻”甚至不进行处理埋下伏笔。

我们不赞成在陈述客观事实之前，将调查者的意见先入为主地呈现在决策

① 参考笔者“科研诚信”微信公众号 2019 年 11 月 19 日发布的《Pubpeer 能宣布某人论文造假吗?》一文，该文 11 月 21 日当天点击数超过 5000 次，最终 12000 次。（西山晴雪. Pubpeer 能宣布某人论文造假吗[EB/OL]. (2019-11-21)[2020-06-05]. https://mp.)weixin.qq.com/s/BFJ_ywXi0oLwTwHSMjCSPQ.

者之前。虽然我们相信大多数科研道德委员会的成员会有客观公允和独立的判断，但也发现部分委员会也存在能放就放、能过就过的心态，这会极大程度降低委员会的公正度。

在《科研诚信案件调查处理规则（试行）》中，也为避免上述情形设计了制度化的操作依据。在是否减轻或加重的处理中，只规定了从重、从轻、加重、减轻四种处理方式。其中，从重或从轻是在同一档处理中选择较重或较轻的处理，加重或减轻是在从较轻或较重一档的处理中加一档或减一档处理。

这是一种统一的、明确的、量化了的指导规则。该规则提醒我们，无论何种处置方式，首先要求调查结论清晰。而调查结论是否清晰高度依赖于客观事实是否具体和准确、情节轻重、是否存在主观意图等关键因素。

那么，减轻或加重的情形该如何考虑呢？就整体而言，它们需要在确定的事实和时间因素之上，服从于监督机构对学术调查的制度性安排。

就时间而言，首先，如果是早年发生的不端行为，例如 20 世纪或 21 世纪初，则一般可作为从轻处理的理由。在实际操作中，一般以 2007 年国内普遍开始建立科研道德机构为时间界限。在此之前，可以从轻。

其次，如果学术不端行为发生的时间介于 2007 年和本单位的科研道德委员会成立之间，则亦可以作为减一档处理的理由。

再次，如果是撤稿论文，则以 2017 年为界，发生在 2017 年“107 篇论文撤稿事件”之前的，则依照该事件的处理减一档处理；“107 篇论文撤稿事件”之后的撤稿，则要参考对 107 篇论文的处理措施。但是因发生代写、代投、代评情况而撤稿的，则其处理情况应按照 2015 年六部委联合发布“五不准”的时间为界限。

当然，就实际情况而言，可能会存在一定的争议。尤其是当某一时间点前后发生类似案件的判定不同时，争议就更为明显。但笔者认为，首先，要界定的是，这种从轻或减轻的情形仅适用于轻微的不端行为，此时应引用《科研诚信案件调查处理规则（试行）》第 30 条中规定明确的几种减轻的情形进行处理。在实际操作中也可酌情引用被调查者本人签署的科研诚信承诺进行简易处理。其次，笔者始终认为，针对《科研诚信案件调查处理规则（试行）》第 2 条前四款规定的不端行为，一般不宜做从轻或减轻处理的考虑。但在工作实践中，的确也有单位针对这类行为作出了减轻的处理。此类减轻处理应慎重考虑，如果存在需要减轻处理的情况，则应在执行处理后再依据第 39 条进行处理。第 39 条内容如下：

> 处理决定生效后，被处理人如果通过全国性媒体公开作出严格遵守科研诚信要求、不再实施科研失信行为承诺，或对国家和社会做出重大贡献的，作出处理决定的单位可根据被处理人申请对其减轻处理。

即在处理决定生效后，由被处理人作出相应公开承诺，经申请并获得批准后，方能在原有处理措施执行基础上（一般应执行一段时间后）予以减轻处理。

［模拟案例 7］

A 机构科研工作人员 B 在提职晋升中提交了两篇科研论文。后两篇论文被举报存在剽窃行为。经该机构科研道德监督部门调查后发现，这是两篇和 B 从事工作关联性不强的论文，对其提职晋升没有直接帮助。但两篇论文确属代写代投。

A 机构认为，B 的提职晋升的主要依据是承担项目情况、获奖、专利等，与是否发表论文关系不大。B 提供论文作为资料纯属多余。

鉴于此，且 B 在调查中主动承认错误，积极配合调查，认错态度诚恳，主动书写检讨书，调查期间撤回了论文，并退回了已报销的版面费。A 机构依据《科研诚信案件调查处理规则（试行）》第 28 条、第 30 条、第 32 条和《事业单位工作人员处分暂行规定》第 12 条、第 20 条等规定，决定给予 B 以下处理：

在 A 机构范围内通报批评；取消 B 国家专业技术岗位等级申请资格 5 年（2020～2025 年）；给予行政记过处分；2019 年度考核为不合格，扣发 2019 年度的绩效奖金。

代写代投学术论文属于严重的科研不端行为。在《科研诚信案件调查处理规则（试行）》里位于第三种不端类型。出现两篇论文代写代投的情况，又发生在 2017 年之后，当从重处理。

A 机构本来可依据《科研诚信案件调查处理规则（试行）》第 33 条第四款对 B 处于取消 5 年以上直至永久取消职务晋升、申报财政资金支持项目等资格。这属于同一档位处理措施中选择了较重的处理，但基于以下原因作出上述处理。

其一，主观原因，B 不知道这样做的危害（凸显教育的缺失），对错误承担了责任，态度诚恳。其二，客观原因，B 的行为属于首次，且撤回了论文、退回了款项；部门负责人评价其日常表现良好。A 机构认为这些情况符合从轻、减轻处理的情形[①]。

这一判定依据有较大瑕疵，主要是对主观原因的认定有重大遗漏，B将他人代写代投的稿件用于获得不当得利的举动，已符合故意或毫无顾忌的情形。而A机构仅仅考虑其不知代投危害性的前半段行为，忽略后半段不当得利的行为，实际上是为其不端行为背书。

最终，A机构选择第33条第四款（取消晋升职务职称5年）对B进行了前述处理。该处理措施在一定程度上维护了学术调查的严肃性。

在该案例中，我们虽无法理解B由他人代写代投两篇对工作关系不大的论文的动机，但能隐约窥得A机构既往不咎的宽宏气量。只是希望B能理解所在机构的苦心，将心思花在为机构服务上。

七、避免文字游戏

由于历史的原因，特别是在早年主要由机构主导学术调查时，一般很少出现机构主动出手治理学术诚信的情形。即便是各种举报和媒体曝光，机构也通常稳如泰山，左推右挡，“拖”字诀一念就收不回来了。于是一些典型人物就“逍遥法外”许多年，给学术诚信圈里的学者们留下深刻印象[②]。

例如，在处理抄袭剽窃时，机构经常用“不规范引用”“不当引用”等词语替代标准的“抄袭”定性[③]。即使在抄袭检测系统出现以后，出于技术伦理等考虑，检测结果也仅是作为一种客观、科学的线索和依据，不能直接判定为抄袭，仍需由审核人员对论文是否涉嫌学术不端进行核实查证，在机构制度不健全时，上述问题依然难以改观[④]。

对于造假或篡改行为，则以原始数据“丢失”、没有“档案”、“研究记录不完

---

① 根据《科研诚信案件调查处理规则（试行）》第49条，减轻处理指“在本规则规定的科研失信行为应受到的处理幅度以内，给予较轻的处理”。

② 在众多典型人物中，以2003年“汉芯”造假事件和华东某校长“莱布尼茨大奖”履历事件最为引人注目。

③ 虽然大多数抄袭案例不属于侵犯版权，但是抄袭本身仍构成学术不端行为。（叶继元，等.学术规范通论[M].2版.上海：华东师范大学出版社，2017：188.）

④ 此类事件新闻媒体也有报道。（任梦岩.广西财经学院一院长论文重复率90%，学校认定“不是抄袭”[EB/OL].（2017-01-23）[2020-06-05].http://china.cnr.cn/xwwgf/20170123/t20170123_523524662.shtml.）

整”等予以搪塞。

这种不“惩恶”的态度导致监督者失去“扬善”的最佳时机，也纵容并开释了那些存在学术不端的人，甚至使他们获得了今后再次或多次发生类似不端行为而不用受罚的机会。这种情况在现实案例中似乎比比皆是，或是因为汉语词汇如此丰富，对有些不端行为的袒护性描述到了令人不堪卒读的地步。

一旦有学术界名人的文章被质疑，网络上立即进入狂热状态，有人便会联想到造假或剽窃，进而在调查结果公布前便急不可耐地宣布其为不端。

但这并不能达到理想的监督效果。须知过犹不及，欲速则不达。且不论客观上存在本书开头论述的历史过程，且在学术之“不端”的“黑色地带”与“端”的“白色地带”之间尚存在一种“灰色地带”。更何况众所周知，没有调查就没有发言权，即使是显而易见的事情，也不能随便下结论。

不过，总体而言，在《科研诚信案件调查处理规则(试行)》印发之后，对科研不端行为的界定就归于文件中规定的7种。在此后的学术调查中，就不应存在“引用不当”“文献遗失”“非主观造假”“存在瑕疵”等经过文字修饰的科研不端行为。换言之，今后描述科研不端行为应使用规则中统一的名称。

同样，类似于艾普蕾、Pubpeer、知识分子、Retraction Watch 等学术媒体，无论多么专业，理由多么充分，也只是起到了“吹哨人”的角色，而不能充当裁判者的角色。因为《科研诚信案件调查处理规则(试行)》并没有授权给他们开展调查并作出最终学术判断的权力。充其量是将这些以往不属于举报范围的线索纳入举报线索之中，从而扩大学术监督的范围。

这是因为所有治理者对这种“吹哨人”形式的监督，通常是谨慎地“利用”，但绝对不“全盘接收”，而是应当通过制度建设和信息共享来行使监督权，同时加强主体责任和第一责任人责任，强化上级监督机构的监督责任，来促进学术监督的落实。

今天的学术监督者们如果没有意识到这种监督范式，而是一味强调外力干预，尤其是直接求诸网络舆论，则很容易会使学术监督丢失专业性，最终只会沦为大众的饭后谈资，徒增一笑耳[1]。

［模拟案例 8］

A 机构工作人员向项目委托方 B 机构提交了一份环评报告。在 B 机构将报告在网上公示期间，有知情人指出该环评报告中的有关内容涉嫌抄袭以往的报告，引发舆论关注。

A 机构在最初的回应中认为，该事项源于工作失误，报告并非最终版本，且认为出具环评报告不属于科研活动。后 A 机构发布公告称，经核查，该报告“抄袭”了本机构以往已完成的报告。另发现，该相关工作人员提交了一份未经审定的稿件，且与提交给调查人员的报告版本不一致，后者有较多修改之处。A 机构还发现，两份报告均未经本机构管理部门审核，也未盖机构的印章，属于管理失责。

后经 B 机构所在地的行政主管部门的立案调查，认定属于出具虚假检测报告的情况。决定给予 A 机构行政处罚，对相关工作人员作出行业禁入的处理。

A 机构表示将举一反三、加强管理。

科研机构出具的环评报告是否属于科研成果？这是该案例的核心。如果认为环评工作不是科技活动，而仅为科技活动完成后对成果的推广使用，可以进行适当的包装或夸大，不适用《科研诚信案件调查处理规则（试行）》，无疑是错误的。在这里，A 机构最初的看法就是错误的。

在《科研诚信案件调查处理规则（试行）》第一章第 2 条，就对“违背科研诚信要求”的行为（简称科研失信行为）进行了规定：“是指在科学研究及相关活动中发生的违反科学研究行为准则与规范的行为。”其中，包括第一款“抄袭、剽窃、侵占他人研究成果或项目申请书”，第二款“编造研究过程、伪造、篡改研究数据、图表、结论、检测报告或用户使用报告”所规定的行为。

在该案例中，A 机构工作人员出具含有科学结论的环评报告，属于科学研究及相关活动，在诚信行为方面应受《科研诚信案件调查处理规则（试行）》管辖，这是毫无疑问的。而报告经查抄袭了以往的报告，则除了涉嫌违反第一款

---

[1] 例如，学术论文中的配图，从某种意义上只是重复了文章中文字表达的内容而已。基于相同仪器的运行结果和分辨率等客观技术指标，在电泳配图、蛋白表达、数据表格、趋势分布等方面的配图存在相似性的可能性是存在的，被人质疑后如果采用替换等方法而不影响结论，则可以合理推论出图片的可替代性是普遍存在的。这些图表除了佐证判断功能和审美价值外，并没什么新的更多的价值。

规定以外，还涉及第二款中提到的是否存在编造研究过程（即是否真的开展了相关研究过程），以及是否使用了篡改后的研究数据、图表、结论（即是否拥有相关的科研原始记录）的情况。

所以，该事件绝不是什么因“过失、疏忽”等造成的小事，而是涉嫌严重学术不端行为的大事件。

此外，在管理职责方面分两种情况：一种是A机构自身的管理失责问题，即对本机构工作人员的相关成果未进行有效管理，导致学术声誉受损；另一种是B机构的管理失责问题，即未经审核就由工作人员将不合乎规范的文件进行公示处理。

在这两种情况下，都要追究有关管理部门负责人的失职失责问题，不能仅仅处理具体操作的工作人员了事。另外，两个机构的分管负责人要承担相应的领导责任。

该案件最终由地方政府环境保护部门自行立案查办处理，也并非完全合规。根据《科研诚信案件调查处理规则（试行）》的有关精神，针对该案引起社会普遍关注（第5条、第15条）、调查责任错综复杂（第6条）等情况，应由当地科技监督部门牵头组成联合调查机制，成立包括A机构、B机构的人员在内的联合调查组，分别针对各自责任内的有关事项进行调查，并进行联合处置。

有关联合调查的处理情况，还应商请各自上级主管部门的意见。涉及更高一级领导干部的情况，应商请各自主管纪检监察的部门处理。涉及违法违规等问题的情况，则应交由相应职责机构处理。

第二节　学术委员会对调查结论的认定

一、学术委员会召开原则和议决形式

一般机构的学术委员会的组成人数比较多，因而召开一次学术委员会是颇费周章的。为了保证工作正常开展，有的学术委员会常年通过邮件形式，行使职责；有的机构在委员会下设置了常委会或专门的科研道德工作小组，作为全

体委员会闭会期间有关学术评议的决策机构。所以，学术委员会的召开与决策程序，应充分考虑自身组成情况和议事规则而定（如图 4.3 所示）。

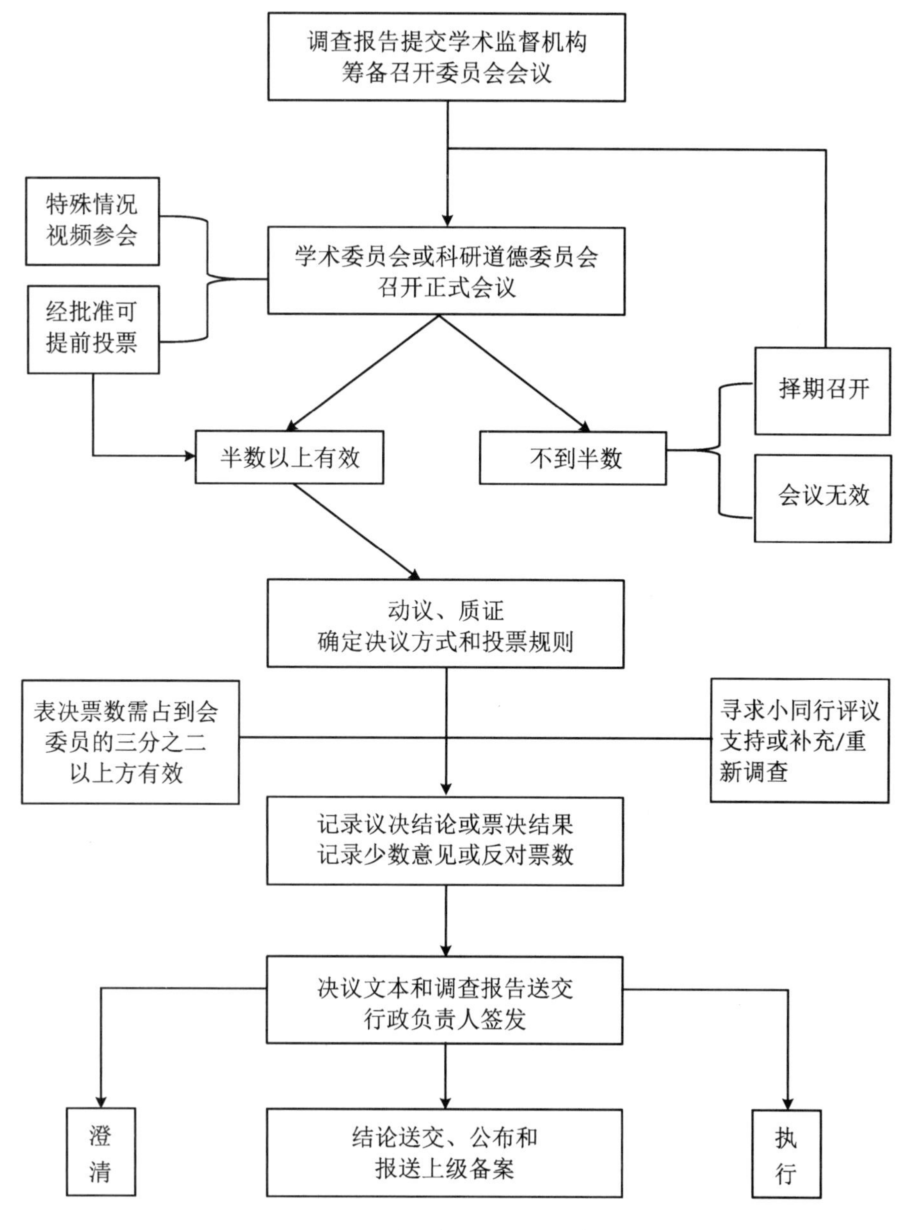

图 4.3　委员会评议流程示意图

如果议事规则中规定半数以上参会即发生效力，则对学术不端行为调查报告的审议属于重大事项，一般应规定至少三分之二有投票权的参会委员赞同，其结果方为有效。如果议事规则中规定有三分之二人数以上委员参会才发生效力，则对调查报告的审议，可规定一半以上有投票权的委员赞同，表决结果方为有效。总之，是否符合人数要求，是委员会召开和决策的重要参考指标。

应该说，设置三分之二比例的本意，是表明该决议是委员会多数人的意见，承载了委员会对某一学术问题或学术评议的共识。但在实际工作中，三分之二也往往成为达成共识的一道门槛，会造成难以达到有效赞同票数而迟迟形不成共识、甚至议而不决的情况。

通常情况下，学术委员会通过议决（表决）或票决的方式决定最后的结论。但限于机构自身的管理和决策机制，学术委员会在参与基层治理中往往处于弱势地位。这不但不符合治理要求，也会给机构维护科研诚信工作带来了不必要的困扰。

根据工作实践，在机构申报科研成果奖励、确认历史贡献等荣誉性工作中，经常就会出现各种各样的不同意见和质疑。这些问题和质疑多数涉及学术评议、署名排序、个人贡献等。这些都需要通过学术委员会予以评议。如果学术委员会运行不畅，就会造成旷日持久的包括科研不端行为举报在内的各种举报，很难适应诚信治理工作的要求。

解决这种情况，尤其是在学术不端行为认定中避免出现这种情况，需要机构因时而动，不断完善学术委员会的议事规则和决策形式，创造性地把本机构学术不端治理的实践及时内化为工作制度和机制，提高学术委员会的决策效率。

在2020年初新型冠状病毒Corvid-19肆虐期间，几乎所有会议均采用网络视频形式进行。这在一定程度上增加了票决的难度。换言之，在这一过程中，专家投票意见并非私密或独立地进行而是受到技术手段和其他同行的共同制约，这或许会导致从众的心理和行为。但很多工作必须推进，在特殊时期，形式要服从于内容，对规则的变通也是非常态下的一种应变之道。

二、动议、质证和补充调查

委员会或决策专家如果对调查报告结论或证据存在疑问，或因为程序性的原因，认为调查过程存在程序性瑕疵，即可采用动议方式要求委员会延后得出结论。在工作实践中，因回避、冲突等原因而导致表决票数不足三分之二的特殊情况时，应采用先完善决策规则，再进行实时表决的程序。

根据笔者的经验，在这种情况下，机构应先按规定召开所有委员参加的学术委员会，首先通过一项动议，内容为允许部分委员回避后，由剩余委员（大于全体委员总数的二分之一）进行表决，表决时票数达到在场委员的三分之二以上即为通过有效。这种方式在大多数情况下都能保证学术评议的客观、顺利、合规进行。

在工作中还存在另一种情况，即很多机构的学术委员会或科研道德委员会常年不开会，处于缺位或瘫痪的状况，因而在很短的规定时间内无法凑足合乎要求数量的委员。在这种情况下，建议设立常任的科研道德小组来处理科研不端案件。

质证，顾名思义，是在学术委员会或科研道德委员会主持下，对调查报告的有关关键证据进行对质（Cross-Examination）。一般在实名举报人和被调查者之间进行。主持的一方可以是委员会，也可以授权给调查组。总之需要一个可以对学术问题进行判断的裁判方。

质证的过程类似于辩论（交叉询问），一方提供证据，一方提出反驳或反例。通过质证，可以确认或排除调查报告中载明的证据，使得证据为双方接受，更具有可信度。质证的结果只是证据的真伪和存废，不等于调查的结论，也不等于学术调查本身，只是其中的一个补充环节而已。

质证中如果发现关键证据不充分，需要补充调查或重新查证，应由学术委员会宣布暂时中止审议，由原调查组根据学术委员会的要求，对相关证据进行重新查证和补充。这一期间的调查，属于补充调查。

补充调查是以辅助前期调查的主要结论为基调的。个别情况下会出现补充调查证据属于关键证据，有可能推翻前期调查结论的情况。这时候，补充调查需要更加注重证据和结论之间的联系，以及取证过程的合规性。在判断得到了可能推翻原有调查结论的证据时，应主动对补充调查的证据进行保护，以免出现意外。

三、尊重决策规则与重视少数人意见

学术委员会针对调查报告的决议可以采取议决制或票决制两种形式。这要在当次召开的委员会议事程序或规则中予以载明。

采用议决制的表决方式时,应由参会人员充分表达意见后再由主持人(一般为学术委员会主任或受其委托的副主任)总结各种结论,梳理多数人共识,再就调查报告结论逐一进行表决,得出最终结论。

采用票决制的表决方式时,应在主持人带领下,与会人员对调查报告证据和结论分别进行投票表决,根据规则得出最终结论。

学术委员会一般遵循少数服从多数的规则作出决策。如采用简单多数赞同的方法,则需要赞同票超过到会人数二分之一即可;对重大事项的表决应采用绝对多数赞同的方法,即赞同人数应为到会人数三分之二以上,决议方有效。

无论采用议决制还是票决制,均要尊重那些表示反对的意见。在议决制中,应由学术委员会秘书如实记录反对意见的具体情况。在票决制中,由监票人宣布反对票的数量。

如果持反对意见的人或反对票的数量同持赞同意见或赞同票的数量接近,甚至旗鼓相当,则学术委员会应充分重视并认真研究这一结果,如有必要应重新讨论或重新投票,也可根据实际情况暂时休会,达成一定共识后再择机投票或形成决议。

在具体工作实践中,如果出现三分之一的反对票,委员会就应引起重视。为慎重起见,也可根据具体表决内容再进行充分磋商,完善表决内容后再进行必要的表决,以达成较高的同意票数。

一般不在一次会议上对未达到规定票数的同一事项进行超过两次以上的投票表决。除非对表决内容进行进一步修订完善,并取得最广泛的共识后,方能再行表决。

四、决议文本和调查报告送交行政负责人

委员会对学术调查形成最终结论后,学术秘书应整理会议纪要,按照《科研诚信案件调查处理规则(试行)》第 26 条的要求,载明学术处理措施,由学术委员会主任(或其授权的召集人)签字后,将纪要抄送给机构的行政负责人。

行政负责人可通过召开机构行政会议的形式对纪要(含决议、处理建议)内容进行确认、增删,形成机构正式公文,再由行政负责人签发后,有关处置措施即刻生效。

机构在作出处理决定前,应按照《科研诚信案件调查处理规则(试行)》第

27 条要求[1],书面告知被处理人调查报告结论、事实及处理依据,并告知其拥有的陈述或申辩权利。如进行申辩,应选择在学术委员会表决前进行陈述或申辩,也可在行政会议决议前进行。如未进行陈述或申辩,则应予以提醒、视为其放弃上述权利。

涉及行政、人事、党纪的处理时,机构学术监督部门应同时移交相关线索给有关部门,由其依照各自程序展开调查并作出相应处理。

行政负责人或行政会议也可能存在不同意调查报告内容或结论的情形。如果出现这种情况,应循机构内部程序进行协调,统一立场,或交由学术委员会安排重新调查或补充调查。

五、结论送达、公布及备案

通常情况下,应向上级学术监督机构报告本次调查及处理结果,则机构监督部门应依据上述文件,按照要求另行撰写报告,辅之以调查报告、相关附件和证明材料,加盖本机构公章,由机构负责人签字后,报送至上级有关部门。一般以上报为常态,不上报为例外。

有关书面处理决定应及时送达被调查人。根据《科研诚信案件调查处理规则(试行)》第 26 条要求,处理决定书应载明:责任人基本情况(包括身份证号码,社会信用代码等),违规事实情况,处理决定和依据,救济途径和期限,其他应载明的内容。

送达情况应告知实名举报人。

同时第 37 条规定,处理内容若涉及科技计划(专项、基金等),或涉及科技奖励、人才计划等,机构监督部门应将处理决定书或处理建议书抄送相应管理部门。后者应依据查实的科研失信行为,在职责范围内对被调查人作出同步处理。如认为处理措施与失信行为不匹配,后者也可函告作出处理的部门提出异议,或根据职责重新开展调查并依据调查结论作出相应处理,再向机构通报。

以上所有调查中凡未发现存在科研失信行为的,调查单位应及时给予澄清(Clarify)。被调查人提出需要书面澄清文件的,应予提供。机构也应提供澄清书或文件的样本,以便统一格式、保持透明并能用于指导下属单位的工作。

---

① 在调查人保护一节,本书已提出这一环节需要进行铺垫,应在调查结束时即向被调查者宣布调查结论,对该条款内容形成支撑,以方便执行处理措施。

调查结果在一定范围内进行公布，以不公布为例外。一般而言，机构应加大案例警示教育，以现实案例来教育本机构所有有关人员。对于有一定学术地位的人员，则更应强化其对身边人员的教育引导作用。

在公布学术调查结论的问题上，机构的选择常常是保持沉默或将其局限在极小的范围里。例如在某一个研究组内公布涉及该组的某个案例。毫无疑问，这通常是不正确的。实际上，公布的范围应该覆盖调查的范围，或由委员会予以界定。

是否公布或公布的细节还直接影响所谓的透明性及其成色。透明性是学术界同行用以判断学术调查是否客观公平公正或程序正义的标准之一。这一标准应当对所有从事科学研究工作的人予以明示，因而透明性应当从最初的教育或培训课程开始。当然，透明性也是上一级学术监督机构判断下级机构工作成效的一个指标。对那些出现瑕疵或程序明显存在问题的案件进行公布，上级学术监督机构也保有及时提醒、更正的权利。

在工作中也普遍存在这种透明性不够的现象，即下属机构在调查过程中遮遮掩掩，对结论性的意见迟迟不予公布，甚至对上一级的监督视而不见，反而以涉密或保护隐私为由拖延公布调查结论。这时候，就需要上一级监督机构及时压实主体责任，督促涉事单位及时公布学术调查进展和结论，认真处理由此引发的公众舆论问题①。

机构在决定公布学术调查结论的同时，应向上一级学术监督机构进行备案。备案要包括案由、调查过程、报告、结论、有关言证和物证，以及决策的程序性文件例如委员会决议、票决或议决的内容、被调查者阅知书、处理决定书（如有）或澄清文件等。

及时报备对于上一级学术监督机构完善诚信信息库，给出必要的指导意见是非常有帮助的。但是在实际工作中，机构以各种理由不及时报备的情况普遍存在。在中办、国办发布《关于进一步加强科研诚信建设的意见》之后，各省一级科技监督机构向科技部、科研诚信建设联席单位向科技部和社科院报告严重

---

① 在2019年底的“木兰”编程语言事件中，“木兰”是某机构员工所创办企业开发的面向中小学教育的集成化产品，在介绍中夸大为面向智能物联网领域；“木兰”语言编译器是基于Python开源编译器进行的二次开发，但在接受媒体采访时夸大为完全自主开发。该舆情事件因未及时公布处理结果而造成不良舆论影响。（《科技日报》评论员．“木兰”事件：“标题党”式创新要不得[N]．科技日报，2020-01-21(1)．）

失信行为，就是一个常规的工作安排。

忽视这些规定和安排，并不能使本机构科研诚信案件一直处于“隐藏”状态，进而使本机构处于未发现诚信案件的“信用良好”的状态。随着时间推移和其他案件的牵扯，一些隐藏的案件终会“大白于天下”。

在一些机构中，上位监督者采取“约谈”“通报”“诚信诫勉”等形式，对疏于监管、不及时报备案件的下一级机构及其负责人进行督导，以提升其履行监督主体责任的能力。

在另外的一些机构中，上位监管者采用“诚信提醒”的方式，对在案件中未发现不端行为但存有不规范行为的涉事人员的不良学风倾向，给予及时的提醒和善意的纠正①。

六、对申诉的处理②

大多数机构对申诉（Appeal）兴趣寥寥，对申诉的规定多一带而过。一般情况下，提出申诉的被处理者，先要在所在机构提出申诉意见，等待机构受理申诉。多数情况下，这种申诉很难有下文。如果机构选择接受申诉，最终的结果也以维持原有调查结论为主。

一旦出现这种情况，按照制度设计，申诉者一方面要继续执行被处理的措施，一方面要继续向上一级机构进行再次申诉，以获取反转的可能。然而上一级机构通常是将有关案宗中的事实发送给实施调查的机构进行求证。多数情

---

① 从2018年起，中科院科研道德委员会每年以诚信提醒的方式，对某类容易出现不端或不当的行为进行善意提醒，并成为一种制度。该制度设计的初衷，是以平等、温和的方式对研究人员提出告诫。相关的提醒文件参见该委员会网站。（中国科学院科研道德委员会.关于在学术论文署名中常见问题或错误的诚信提醒[EB/OL].（2018-12-21）[2020-06-02]. http://www.jianshen.cas.cn/kyddwyh/zdgf/201812/t20181221_4674529.html. 中国科学院科研道德委员会.关于在生物医学研究中恪守科研伦理的“提醒”[EB/OL].（2019-05-07）[2020-06-02]. http://www.jianshen.cas.cn/kyddwyh/zdgf/201905/t20190507_4691151.html. 中国科学院科研道德委员会.关于科研活动原始记录中常见问题或错误的诚信提醒[EB/OL].（2020-05-12）[2020-06-02]. http://www.jianshen.cas.cn/kyddwyh/zdgf/202005/t20200522_4747247.html.）

② 《高等学校预防和处理学术不端行为办法》第六章第33条使用的是复核。但同时强调异议和复核不影响处理决定的执行。（教育部.高等学校预防与处理学术不端行为办法：中华人民共和国教育部令第40号[A/OL].（2016-06-16）[2020-06-09]. http://www.moe.gov.cn/srcsite/A02/s5911/moe_621/201607/t20160718_272156.html.）

况下，这种求证过程也是走走形式，能够重新受理并开展调查的动力通常都是不足的。在此过程中上一级机构的意见将作为最终意见，成为该案宗的终审结论。

我们很少看到管理制度中对申诉程序予以详细描述。现有的描述通常是笼统而无趣的[①]。因而这部分应该是学术监督过程中较为薄弱的一环。然而在明确如何履行申诉程序或按照申诉的要求进行监督之前，需要对申诉在学术调查中的地位进行分析。

首先，按照一般的制度设计，申诉的过程是一个纠偏的过程。既对学术监督本身的行为进行纠偏，也对调查结论和程序进行纠偏。如果不明白这一点，就会形成对申诉内容的调查是一项新的调查的印象。这将严重影响申诉调查的严肃性和客观性。

其次，申诉的条件应该非常明确，那就是被处理者拿出新的、关键的证据，足以形成对原有调查结论的冲击。或者被调查者握有此前调查中重要的程序瑕疵的证据，进而有可能推翻调查的结论。在这种情况下，申诉被受理的可能性就会大为增强。

再次，对申诉内容的调查，应是对已有调查内容和程序的再审理。这种审理多审议调查证据和结论的相关性、调查程序的合规性，且以书面审议为主。这一定位通常与申诉者对申诉的巨大希望相比有不小的差距。仅仅寄希望于通过申诉翻盘，但无法提供拿得出手的关键证据，是大多数申诉案件无疾而终的重要原因[②]。

最后，每一个申诉者都要认真研究、运用现有的制度文件，才有可能在申诉中获得有利于自己的结果。在《科研诚信案件调查处理规则（试行）》中，实际上给出了通过申诉实现翻盘的重要指引。例如在《规则》第四章的“处理”部分，就

① 以中科院2016年发布的《对科研不端行为的调查处理暂行办法》为例，第37～39条规定了申诉的条件和两审裁定的原则。（中国科学院办公厅. 中国科学院对科研不端行为的调查处理暂行办法[A/OL].（2016-03-08）[2020-06-27]. http://www.cas.cn/gzzd/jcsj/201912/P020191220378579828995.pdf.）

② 笔者经历过一件离奇的申诉案。申诉者为当事人的监护人。在提供有关证据材料时不是一次性提供，而是挤牙膏式的提供。当申诉的事项经核验已经结束时，申诉者又拿出新的证据。以此循环往复，该申诉案持续了至少5年时间但最终并没有翻盘，同申诉者采取的这种策略有很大关系。现在想来，申诉者可能一开始就有打持久战的准备了。

规定了若干可以减轻或从轻的条款[①]。如果申诉者认为符合条件且能够拿出有关“应减未减、应从轻但未从轻”的关键性证据，则该证据应当成为机构受理并开展申诉调查的重点内容。

实际上，在该文件的第 39 条，也规定了“处理决定生效后”被处理人的若干修正行为，而这些行为，将成为执行处理期间采取申诉的重要“条件”[②]。所以，如果仅仅由于对调查结果不满，但又拿不出什么关键的证据，则很难通过申诉实现翻盘的可能。

当然，若走完这些流程，申诉者仍然不满处理决定时，正确的做法不是继续纠缠原有调查机构或受理申诉的机构，而是应该跳出学术监督的范畴去寻求法律手段的帮助。在走上法律维权的途径之前，按照现有制度设计，还有最后一道关口，即向主管科研诚信工作的科技部或社会科学院进行申诉。

由于《科研诚信案件调查处理规则（试行）》是新近出台的，很多申诉者尚未捋清楚现有治理体系，还不知道科技部和社会科学院在诚信治理中的崇高地位，更遑论采取法律途径维护自身权益的方法了。这一情况在我们接触到的很多申诉案例中得到验证，即采用法律手段的申诉者很少，一般都是在现有渠道内继续通过信访的形式，反复求助相关机构以寻求解决方案。

针对这种现象，我们建议机构应当及时履行告知义务，明确相关救济途径和期限。以免因有关环节遗漏导致申诉者未来丧失维护自身权益的机会。同时，我们也建议申诉者积极拿起法律武器，用法律保护自己的合法权益，这也符合当前国家完善治理体系的有关精神。

---

① 例如第 30 条规定了可从轻或减轻处理的条款，第 32 条规定了适用情节轻重的因素，第 33 条具体规定了视情节轻重给予相应的处理措施等。

② 即该条规定的“在处理决定生效后，被处理人如果通过全国性媒体公开作出严格遵守科研诚信要求、不再实施科研失信行为承诺，或对国家和社会作出重大贡献的，作出处理决定的单位可根据被处理人申请对其减轻处理。”该条基本上算一道“送分题”，不过没有规定相应的程序，需要被处理人自行申请。

第三节 上一级学术监督组织对调查结论的再认定

上一级学术监督组织对调查结论的再认定，直接决定该调查是否终止或调查结论是否成立。一般情况下，机构的上级监督部门对下级监督部门通常采取五种认定方式：

一是直接裁定。一般情况下由上级监督部门负责人通过签批的方式，在具体经办人的签报件中签署同意意见或圈阅，则该案件即可完成整个流程而终止。这是最直接的一种认定方式。

二是会议商定。由上级监督部门召开行政审议会，这种会议又通常表现为监督部门的办公会。由该部门所有行政首长一起研究案件和报告，再通过议决或者表决的方式决定是否终止调查、形成结案。采用这种方式的机构多为纪检监督部门。

三是专家复审。即由上级监督部门委托科研诚信专家，就调查报告和证据、调查程序等进行复审，再通过决议或投票的方式，给出专家意见（学术复议）。该专家意见再由具体经办人以签报形式报请监督部门或机构负责人同意，即为最终调查意见。

四是委员会复审。即由上级监督部门召集整个机构的科研道德委员会或其他组织，以委员会会议形式对整个调查报告、程序和结论进行审定，以委员会决议的形式予以最终认定。通常，这一方式与第二种行政会议的区别在于，委员会审定经常以票决方式表达意见。

五是联合审定。即在国内现有学术诚信治理体系中，以科研诚信建设联席会议召开的案件审定会为最高层次的审议机构。该机构以审定 2017 年“107 篇论文撤稿事件”和 2019 年“网传举报人事件”而为公众所熟悉。

一、对调查事实和结论的复议和审定

无论以何种方式进行审定，均表明当下国内处理学术诚信案件的基本程序

是,下一级科研道德机构所开展的学术调查,需要两级或两级以上机构的审定方能得出最终结论。这一程序正是当前学术监督范式转换后的最有力证据。

那么,上级审定的是什么内容呢?

首先是受举报人质疑、调查中再现的学术发现过程。一般从科学性、客观性、逻辑性、可重复性、特殊性等多个角度予以确认。发现其中的合理性或不合理性,得出该科学发现是否真实、可靠。

其次是现存的所有原始数据或原始记录。即客观证据材料的真实性和原始性、获取过程的合规性、是否经过质证环节以及证据移交过程是否履行了相关手续等等。

再次是被调查者主观的态度,特别是言证材料中记录的有关内容,即主观证据的合理性。如果被调查者有减轻或从轻的情节因素,则应对其相关情节例如是否采取了相应的补救措施等进行严格审定。

最后审定的是调查事实和结论之间的关系。即调查结论和调查事实之间是否存在因果关系,这是调查结论是否成立的关键所在。如果不是因果关系,至少应该是极紧密的正相关关系。否则如果证据所指,可能有两个或两个以上的结果,则该调查结论在很大程度上应遵从"疑罪从无"的道理而予最终审定或返回重新(补充)调查。

二、对调查程序的审核

除了对事实和结论进行审定外,还应该审定的内容是调查的程序是否合规。即调查者在调查中是否遵守了相应的制度规范,是否履行了保密承诺,是否履行了对被调查者的告知义务,是否合规地搜集到了相应的证据以及被调查者是否签署了阅知书等。

在审定程序是否合规时,重点应对调查组成立的合规性进行审定。例如对调查组专家的选择是否有利益冲突或其他影响公正结论的因素,是否印发了专家组成立的文件(是否依照机构相关程序而获批),是否在调查期间违反规定私自接触被调查者或其他有关人员,调查期间或结束后是否同被调查者进行了私下联系或透露调查相关内容。

在调查证据的获取方面,是否进行了文件(材料)的交接和确认,是否核对了双方移交相关证据的数量和内容,是否有应脱密处理而未处理的情形,以及是否有应签章而未签章的情形等。

在被调查者阅知环节，是否有应告知而未告知的情形，被调查者是否进行了陈述或申辩以及是否予以记录或采纳等情节。

对调查程序的任何疑问，都可以通过询问调查组组长、成员而获得直接判断的资料。通常情况下，调查组组长或全体成员应列席上级的审定会或直接在审定会上报告执行调查的情况，以备会议参考。

上一级学术监督机构认定案件结论的复议程序如图 4.4 所示。

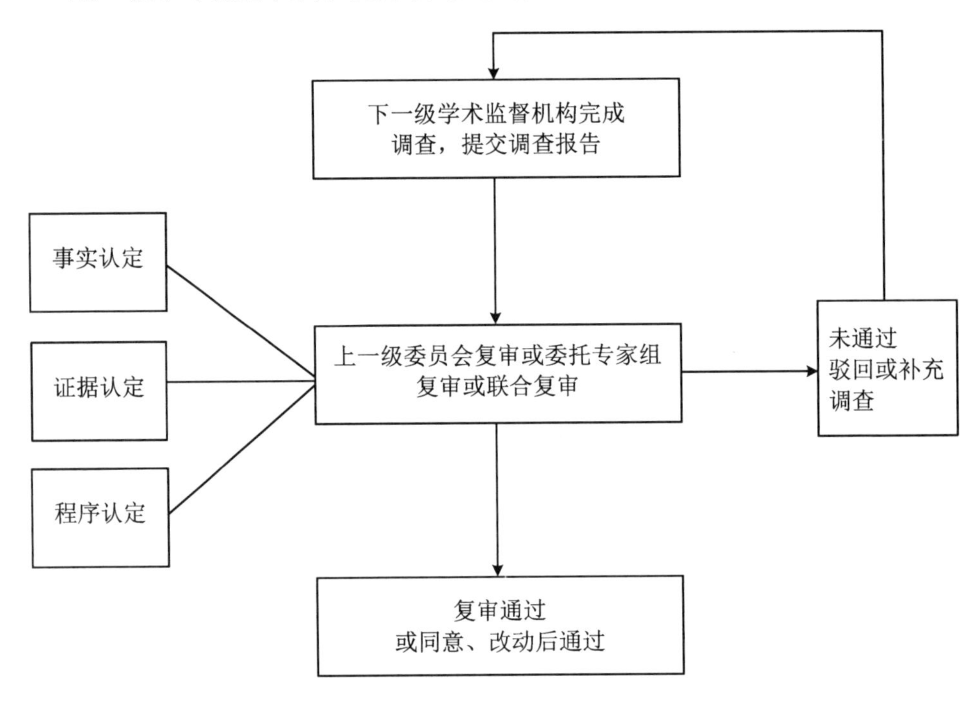

图 4.4 复议示意图(事实认定、证据认定、程序认定)

三、对申诉情况及处理意见的审定

按照《科研诚信案件调查处理规则(试行)》，被调查者通常会在四个环节有机会提出申诉意见。环节一是在调查期间，以陈述或申辩(State and Defend)的形式，直接提供给调查组。环节二是在阅知调查报告后，提出陈述或申辩的理由。环节三是在接到处理决定书之前，有一个陈述或申辩的机会。环节四是在实施处理之后，以正式材料的形式提出申诉，开启申诉流程。

本节所讲的是委员会针对前三个环节的申诉进行的集体审定，对其是否构成对处理措施产生实质性影响而进行研究并决定是否予以采信。第四次申诉不属于复议环节的处理内容，应通过《科研诚信案件调查处理规则（试行）》规定的申诉复查程序做出处理①。

如果委员会决定采信申诉，则同时应对调查处理结论是否与学术失信事实相匹配，处理措施及适用条款是否准确且是否进行了减轻、从轻、加重和从重等因素的考虑，以及这些因素同申诉内容是否存在直接冲突等情况进行重新审定。

在审定第一次陈述或申辩理由时，应主要对其申辩理由和证据进行辨别，并同调查报告中的证据和结论进行比对，对调查组采信或不采信的情况进行复核。

在审定第二次申诉或申辩理由时，应对申辩理由和证据，特别是当被调查人不愿意签署阅知书时提供的理由和证据进行辨别；或者对被调查人在阅知书上签署的具体理由进行辨别。同时对调查组对上述理由的采信情况进行复核。

在审定第三次陈述和申诉的理由时，应对前述理由及其证据进行辨识，并结合调查过程、证据和程序是否合规进行判定。如发现有重大遗漏或违规行为，则应及时通知调查组进行补充调查或重新调查。

当然，如果申诉时仅仅针对调查程序的违规情况进行指认，则应重点对调查程序的合规性进行审定。如发现调查程序不合规或有重大瑕疵，可考虑重新调查。在极特殊情况下，如存在严重的程序性失误并导致案件判定错误，应暂时中止调查，待有关程序合规后，另选调查人员进行调查。

如果委员会决定对申诉理由不予采信，则应在最终审定意见中予以说明并给出依据。在此基础上，才能得出最终的审定意见。

四、同意或驳回

经过上级学术监督机构审定后，调查报告面临最直接的两个结局：同意（含

① 根据《科研诚信案件调查处理规则（试行）》第五章，申诉复查应在受理申诉之后进行，申诉者一共可以提出三次申诉，一次是向调查处理单位，一次是向上一级主管部门，此后可再向科技部或社会科学院进行申诉。与本节所述申辩、陈述的区别在于，申诉复查是一次完整的调查，其结论效力可以覆盖前一次调查。而本节所述申辩、陈述仅为事实和证据的辨识审定，是调查过程的一个环节，其效力仅对于调查结论产生影响。

部分同意）或被驳回。

同意即意味着上一级监督机构认同调查报告的内容和结论。一旦同意，整个案件调查即宣告终止并立即转入执行程序。对经审定未发现失信行为的，即应开启澄清程序。驳回则大部分是因为结论不准确，少部分源于调查内容或程序的重大瑕疵。而一旦被驳回，则需要下一级机构重新组织调查。

在工作实践中，我们也碰到过这种情形，即上级学术监督部门选择部分采信调查报告内容，进而对调查结论进行修正、调整。例如，认为被调查者学术失信行为轻微而不予学术处理，但应给予相应诚信提醒或批评教育等措施。又例如，根据被调查者身份，建议仅给予其党内或政务上的处理而不做学术方面的处理，等等。

这种处理手法通常有一种形象的比喻——“和稀泥”，而且并不少见。我们不赞成上级学术监督机构的这种做法，而是希望能严格按照“零容忍、无禁区、全覆盖”的要求和《科研诚信案件调查处理规则（试行）》的规定，恰当处置学术失信行为，而不是遮遮掩掩、拖拖拉拉、打折扣地执行相关规定。

应该说，作出这种处理时应该非常小心，并应充分考虑各种可能的后果。对于上级学术监督机构而言，每一个决定均应有理有据。在充分尊重下一级机构事权及其主体责任的基础上，上级监督部门重点应在监督下级履行监督职责的权力上，即重在监督过程而不是监督结果，除非其结果实在是在情理上说不过去、于事实上也无法交代。在后一种情况下，上一级机构应履行主体责任，及时做出追加处理措施。

［模拟案例 9］

A 为 B 高校某学院教授，2020 年 4 月其论文被某国际期刊撤稿。根据编辑部的撤稿声明，A 作为第一和通讯作者的被撤论文抄袭了一篇 2013 年他国研究人员的论文。

B 高校据此进行了学术调查。在学术评议阶段引入外部专家。学术评议结果显示：A 团队被撤论文采用或转引国外本科生研究成果，未注明引用出处，科研失信行为属实。

B 高校据此对 A 作出如下处理：取消 A 在 3 年内评选先进、晋升职称职务的资格，取消其申报各类科研项目的资格；给予严重警告处分，处分期 6 个月；批评教育，责令改正错误。

C 为主管科研诚信工作的上级监督部门。对 B 高校的处理表示肯定，并在公开的新闻报道中点名批评了A的抄袭行为。

问题1:根据《科研诚信案件调查处理规则(试行)》,B高校对A的处理是否妥当?

问题2:B高校对A的处理中,第二项处理法理依据如何?

问题3:A应被列入严重科研失信行为数据库吗?

问题4:C的新闻报道是对A的通报处理吗?

要想了解该案件的处理,应援引《科研诚信案件调查处理规则(试行)》进行分析:

针对问题1,B高校对A的处理显然较轻,该处理中第一项属于学术处理,根据《科研诚信案件调查处理规则(试行)》第33条第二款和第五款,B高校的调查结论应该是科研失信行为较严重。但即便如此,该处理仍然打了折扣。根据本书的分类,抄袭行为属于严重的学术不端行为。考虑到第32条第一款和第三款的规定,A作为大学教授,其抄袭行为更容易造成不良的社会影响,对其研究生的学术生涯也产生了负面的影响。故应依照第33条第三款进行处理,年限仍可以为3年,但要增加减少或暂停招收研究生资格的处理。学校对A现有研究生的去留也要拿出统一的解决方案。

针对问题2,第二项处理法规依据不足。根据该高校的最新管理规定[①],并未列出对应的条款,这和某著名高校撤销学位案中,经司法裁判认定的法规依据不足结论有类似之处。且在严重警告处分和6个月之间没有对应合规的条款。前者似乎是党内的纪律处分,后者应来源于事业单位人员处分条例的行政警告。

针对问题3,A应当被列入严重科研失信行为的数据库。根据《科研诚信案件调查处理规则(试行)》第35条第一款,A应被列入严重失信行为数据库,实施联合惩戒。此外,根据第34条第二款,如果A的这篇论文使用了科研基金、项目或计划等,有关处理结果应同时抄送至基金、项目或计划的管理方,后者可根据管理规定或联合惩戒条款采取收回项目结余经费、追回经费等处理措施。

针对问题4,C机构作为科技主管部门,实际上遵循了《科研诚信案件调查

① 江苏大学.江苏大学科研诚信与信用管理暂行办法:江大校[2019]58号[A/OL].(2020-01-09)[2020-06-09]. http://www.ircip.cn/web/1044770-1044770.html?id=26645&newsid=1670523.

处理规则(试行)》第35条和第36条,对A进行了全国(全网)范围的点名通报批评。这一点值得肯定,因为按照第35条,B高校在全校通报或教育部门在高校系统通报即可。

B高校在此次处理中尽管依照了自身的相关规定,看似严谨,但必须承认,其规定不符合《科研诚信案件调查处理规则(试行)》第51条的"比例"原则,特别是在认定严重不端行为的标准和采取对应的处理措施时,有避重就轻之嫌。B高校应尽快修订相关制度,向《科研诚信案件调查处理规则(试行)》看齐。

五、改动

上一级学术监督机构对调查报告部分采信后,就存在如何使用评价报告或于不同场合解释该报告的问题。例如在机构内部一定范围进行通报时,就要对采信的部分和不予采信的内容分别进行说明,以做到证据和结论相符并具有说服力。

如果还需要向更上一级学术监督机构报告该案例,则存在一种改动原有调查报告内容、证据或结论的情形。由于信息经过压缩后会出现失真,那么这种改动应以不损害主要证据和结论为要,且叙述应符合逻辑和能自圆其说。

这两种情况均涉及如何对调查报告改动等问题,有改动就会有遗漏,进而会造成不完整,最终会使听到或看到报告的人不同程度地对报告产生理解上的偏差。

但这种改动在工作实践中经常发生。甚至在许多文献里,合理地改动下一级调查报告的事情还非常多。在本节,我们不讨论这种改动是否合规,而是仅通过引用文献中的一则案例,讨论出现这种改动的可能性、必要性与合理性。

这个案例出现在《水浒传》第二十七回,有这样一段描述:

> 且说县官念武松是个义气烈汉,……一心要周全他,……便唤该吏商议……把这人们招状从新做过,改作:"武松因祭献亡兄武大,有嫂不容祭祀,因而相争,……救护亡兄神主,与嫂斗殴,一时杀死。次后西门庆……前来强护,因而斗殴,……以致斗杀身死。①

这段文字描述了县官改动此前当庭调查的缘由、方式和内容。通过改动,

① 施耐庵.水浒传[M].2版.北京:人民文学出版社,1997:357.

将“寻仇”行为变更为“寻衅”(相争)行为，将场景从“刺杀”变为“互殴”(斗殴、斗杀)，再加上武松有事实上的“自首”情节，该项改动无疑进一步减轻了被告人的罪责。

在这份报告送达更上一级的审核机构时，改动又发生了：

> 陈府尹把这招稿卷宗都改得轻了，申去省院，详审议罪。……那刑部官有和陈文昭好的，把这件事直禀过了省院官，议下罪犯：“据王婆生情造意，哄诱通奸，唆使本妇下药毒死亲夫。又令本妇赶逐武松，不容祭祀亲兄，以致杀伤人命……。拟合凌迟处死。据武松虽系报兄之仇，斗杀……人命，亦则自首，难以释免。脊杖四十，刺配二千里外。奸夫淫妇，虽该重罪，已死勿论。其余一干人犯，释放宁家。文书到日，即便施行。”①

同样，这段文字交代了陈府尹改动卷宗的直接目的：降低罪责(改得轻了)。经过这次改动，案件的主犯实际上已经从武松变成了王婆。当这份卷宗达到省院后，刑部的官员也直接进行了干预，对省院的判决施加了决定性的影响。最终的裁决实现了某种程度的公平性，尊重了事实，兼顾了社会效果，进而达到了惩恶扬善的目的。

即使放到今天，一般民众读到这段判词时，也会对该案主犯(王婆)的引诱教唆感到极大的愤慨，对从犯弑夫并掩盖罪责表示愤怒，对官府的明察秋毫和据实断案表示赞赏，自然无形中减轻了对案件中原本的主犯(武松)的谴责。该案的判决中程序或有瑕疵，但基本还原了事件发生的原委。

本节援引该案例是想表明，上一级监督机构不能简单地“照抄照搬”下一级的调查报告，以推脱本级的责任。而应秉持学术监督的初心，实事求是地对诚信案件进行分析，既对调查过程、报告内容进行严格审查，同时也在尊重下一级调查结论的基础上，综合提出更加专业和令人信服的结论，以实现对严重科研失信行为的零容忍决心。

当然，也可能出现改动后推翻原有结论、界定失信行为的性质改变，处理措施加重的情况。此处不再赘述。

---

① 施耐庵.水浒传[M].2版.北京：人民文学出版社，1997：358.

第五章　上一级学术监督机构主持的学术调查

第一节　联 合 调 查

一、联合调查的内涵

通过两个或两个以上的机构开展对相关科研诚信案件的调查,称为联合调查(United Investigation & Co-investigation),它主要应用于事出紧急、情况复杂、需要尽快结案的案件,是简易程序的加强版。目前,国内联合调查的最高形式,是以20个部委联合组成的科研诚信建设联席会议授权的联合调查[①]。由于在处理2017年"107篇论文撤稿事件"和几次突发舆情事件中发挥了主导作用,该联合调查的工作机制备受公众关注。

实施联合调查,是国内学术调查中具有最高权威性的调查。这主要是出于其权威性、公信力、透明性的考虑。

联合调查的权威性主要表现在两个方面,一是在《关于进一步加强科研诚信建设的若干意见》中,授权科技部作为自然科学领域科研诚信工作的监管部

---

① 这20个部委依发文顺序是:科学技术部、中央宣传部、最高人民法院、最高人民检察院、国家发展改革委、教育部、工业和信息化部、公安部、财政部、人力资源社会保障部、农业农村部、国家卫生健康委、国家市场监管总局、中科院、社科院、工程院、自然科学基金委、中国科协、中央军委装备发展部、中央军委科技委。摘自《科研诚信建设联席会议章程》(2019年8月23日第七次会议第二次修订)。

门，社会科学院作为社会科学领域科研诚信工作的监管部门；二是在于上述20个部委代表国家行使相应领域管理职能，如教育部对全国高校具有领导和管理职责，中国科协对全国科技工作者和学会具有管理职能等。

联合调查的公信力主要源于国家信誉。一方面，公众历来习惯于对某一机构自身调查的权威性心存疑虑；另一方面，当下监督范式的内在要求也凸显了国家层面治理的必要性。从具体工作层面，则主要表现在各个国家部委之间的地位及业务的相互交叉、支撑和制约上，即在组织联合调查的过程中，从专家的遴选到专家组的组建，再到调查结论的形成，都要依赖各方的特长、优势和专业性。在这种情况下，一件牵涉甚广的科研诚信案件交由一家机构进行调查，很容易陷入自说自话的窘境，难免授人以柄。

联合调查的透明性主要表现在决策民主、程序民主、结果公开上。从“107篇论文撤稿事件”开始，联合调查通常引入媒体监督，从调查开始到阶段性进展，再到调查结束后统一发声，对媒体的主动公开保证了联合调查的透明性。

当然，透明性是相对的而不是绝对的，是阶段性的而不是全部的，是针对不同人群而不是面向所有人员的。这一基本道理往往为公众所忽视。在学术调查工作中，对透明性的把握要有清醒的认识，不能人云亦云、凡事都想知道个一清二楚。

一般来说，决策上的透明性表现在为决策者提供尽可能清楚的信息和细节，提供相应合适的规则和案例，预估调查结论的各种可能，以便决策者能够迅速判断或审批调查方案。在这个阶段，绝对禁止隐瞒有关细节以误导决策者，或者因为利益冲突而制订有失偏颇的方案。

程序上的透明性表现在无论对调查组或是委员会，都要强调在实施调查或决议的过程中，遵守事先确定好的、获得一致同意的程序规则，以免因临时起意、动议导致讨论不充分或强行表决、议而不决。尤其是针对学术不端行为的定性和确定惩戒措施时，要在程序上尽可能地做到无瑕疵①。

结果的透明性表现在，一方面，一定程度的调查范围即为通告的范围、提醒的范围，而不是大范围调查、小范围公布或相反。也就是说，调查的范围有多

① 在2020年初新冠肺炎疫情期间，某些机构采用视频形式开展学术评议，这在特殊时期是合乎规则的。但在平时，一些机构常常一年都无法召开一次会议，而代之以邮件回复的形式取代会议决策。这在程序上可能存在瑕疵。从实际情况看，这种回复可能无法表达真实的意见，包括反对意见。

大,结果公开的范围就有多大,则在这一范围内应尽力保持透明性[①]。另一方面,在有期限的处置措施结束后,对被执行人的处理措施等信息应予及时撤除,且不应再进行其他形式的限制或设置其他门槛进行新的限制,以免陷入有意或无意的歧视误区,造成已恢复信用的被处理人的其他合规权益的丧失。

二、联合调查的适用范围

在实际工作中,对涉及两个及以上机构、高校人员或项目的科研诚信案件调查,一般应采用联合调查的方式。例如,针对2019年底突发舆情事件中的"网传举报人"事件,可由自然科学基金委依照自身制度和相关程序进行调查[②],同时,根据被调查人身份,也可以转交北京市科技主管部门实施调查[③]。但更稳妥的是开展多部门联合调查,以其中一方为主,另一方配合,再交由科研诚信建设联席会议裁定。

对某一机构或高校的去职人员开展学术调查,应以被调查事项发生时被调查人身份所在机构或高校为主,联合另一机构或高校开展调查。通常仅由一方开展调查是不严谨的。例如在取得问询笔录时,应由被调查人现职所在机构或高校实施问询较为妥当,否则会陷入不当使用学术调查权的境地,并更易造成证据和程序的合法性瑕疵[④]。

在针对研究生学术不端行为的调查中,同样应以科研诚信案件发生时的学籍所在机构或高校实施调查,学生现在所在机构辅助调查。当然,这在一些国际学生中存在实际的困难。因这些国际学生普遍存在毕业后回国就业等因素,故国内培养机构一般不愿意或无手段执行相应的调查。例如,在2016年巴西"掠夺性"期刊GMR的撤稿案中,部分国内调查机构或高校以该学生毕业、回

---

① 机构因为教育的需要,对案例加工处理后可不依照该原则行事,但应履行相应的审批手续。

② 《科研诚信案件调查处理规则(试行)》第7条规定:"财政资金资助的科研项目、基金的申请、评审、实施、结题等活动中的科研失信行为,由项目、基金管理部门(单位)负责组织调查处理。项目申报推荐单位、项目参与单位等应按照项目、基金管理部门(单位)的要求,主动开展并积极配合调查,依据职责权限对违规责任人作出处理。"

③ 《科研诚信案件调查处理规则(试行)》第6条第二款规定:"被调查人担任单位主要负责人或被调查人是法人单位的,由其上级主管部门负责调查。"

④ 在具体实施过程中,要综合协调有关行政、纪检、监察等监督机构接续发力,实现无缝对接。

母国工作为由终止调查。这在程序上、结论上都是不严谨的。

鉴于联合调查需要调动的资源、实施的流程较多，其工作效率会相应降低，在实施过程中也容易造成不恰当的信息泄露，进而对调查工作造成不利影响。因此，在开展联合调查时，各学术监督机构应对联合调查的整体方案和实施过程及工作节奏进行适当的把控，以保证联合调查的工作效率。

第二节　重新调查

重新调查（Reinvestigation）是由上一级学术监督机构对下一级监督机构已经终止的调查进行复议或复审，对不合格调查报告作出的一种裁决方式。通常以退回调查报告、重新实施调查为标志。

被退回、需重新调查的案件一般存在调查报告结论定性不准确、调查事实不清楚、调查程序不合规等因素。有时候，下一级学术监督机构不进行调查，而仅通过转办或转述再下一级学术监督机构的调查报告等方式，形成调查结论，实际并未履行本级应履行的调查责任，则案件很大可能会因为办理程序不合规而被退回。

多数发生此种情形的调查报告，其重要原因之一，就是形成报告的决策机制并未实际发挥作用。例如机构并未召开科研道德委员会或其他相应组织的会议，而仅由监督机构负责人签字后提交该调查报告。在这种情况下，不通过率及由上级机构决定重新调查的可能性就会非常高。

还有一种情况，即下一级学术监督机构不愿意下结论，而仅仅叙述调查过程，陈列证据，将判定学术不端行为性质的权力交由上一级学术监督机构。针对这种不履行调查责任制的情况，上一级学术监督机构应及时进行通报、提醒、督办，压实下一级的主体责任。

重新调查一般交由原监督机构的原调查组再次进行，也可以由原监督机构重新任命新的调查组主持调查。如果调查结论发生重大改变，一旦经学术委员会集体认定，应同时考虑追究前一调查组和相关调查人员的责任。但这种状况一般在工作实践中较难操作。

在提交调查报告之前,下一级学术监督机构应主动同上一级学术监督机构进行沟通。一般情况下,上一级监督机构会提供较为详细的咨询建议,其建议对案件本身的程序、适用的条款、可能的结论以及救济措施等有较高的权威性和较强的指导性。但这并不能代替主体责任单位的学术判断。

对于重新调查,要注意时间、费用、人员等成本对调查的影响。尤其在涉及重复实验且需要由第三方实施时更是如此。调查组应对将要花费的各种成本进行估算,并制订出详尽的方案予以组织实施。

第三节 补充调查

补充调查(Supplementary Investigation)是由上一级或本级监督决策机构,对下一级或本级调查的结论、证据或程序存在瑕疵时,所作出的裁决方式。补充调查一般由原调查组实施。

补充调查一般不推翻调查结论,仅对少量存在瑕疵的调查证据或程序进行再次确认或补充确认。针对证据的补充调查则主要体现在关键证据是否支撑调查结论或是否将相关的线索均进行了必要的核查。针对程序的补充调查主要视证据的获取方式是否合规而进行。

例如,在一次学术评议中,调查人员发现学位委员会作出结论时,到会人数不足全体委员的半数,依照该委员会的相关议事规则,则该次会议无效,自然当天作出的评议结果也是无效的。

补充调查对于落实"不枉不纵、妥善处理、宽严相济"的科研诚信案件调查工作思路具有十分重要的意义。

经过补充调查,如果涉及关键的、核心的证据,且这些证据足以对案件原有结论的判定有颠覆性影响,这时候补充调查的角色就实现了反转,即具备了推翻原有调查结论的基础。

第四节　听证调查

文献表明，欧美学术机构在调查的后半段大都设置了听证调查（Hearing Investigation）。例如英国杜伦大学在调查结论形成之前，安排举行听证会；美国ORI在调查结论提交行政裁决之前，也安排听证会。但听证在国内学术界却鲜有耳闻。按照一般理解，学术调查采用的听证和其他监督系统的听证，在程序上并无差异，但其实施起来却有不小的难度。即便如《科研诚信案件调查处理规则（试行）》，也没有拿出半条内容留给听证程序。这不免让人有些疑惑。

首要的问题就是听证到底适不适合学术调查？如果适合，调查方将采用何种程序予以实施？如果不适合，还有何种程序予被调查者以救济措施？以及听证程序能否成为学术调查中的特色环节等等。回答这些问题，就要明确听证程序在学术调查中的地位、必要性和权威性。

一、听证程序的地位

听证是放大了的陈述、申辩、申诉。在调查期间，调查组已经同被调查者见面，给予了陈述或申辩的机会。在调查结束，调查组将调查报告交由被调查者阅知时，也再次给予了被调查者陈述或申辩的机会。按照《科研诚信案件调查处理规则（试行）》有关条款，在做出处理措施时，应将其内容告知被调查者，听取陈述或申辩。

那么，当被调查者还是不认可调查结论或处理措施时，采取听证措施，可以说是给了被调查者再一次陈述或申辩的机会。不过，这次机会，不再是调查者和被调查者两方，而是引入了第三方，即听证会的裁定方。裁定方在听取调查一方和被调查一方的分别陈述后，对调查过程、结论和报告内容进行独立裁决。一般情况下，裁决前可引入专家判断，听取小同行或同行专家的评议，根据评议结果作出裁定。

需要明确的是，一旦进入听证环节，则调查双方均要明白，听证结果具有不可预测性。而当听证结论与调查结论不一致时,应以听证结论为准。所以,一般而言,听证会的环节,又被称为听证调查。

当然,当听证结论与调查结论一致时,则被调查者就要立刻接受,并且不再循其他途径例如后期的申诉程序为自己辩解。当听证结论与调查结论不一致时,调查组也要即时接受,暂时中止调查,或按照听证意见进行重新调查。因此,一旦接受听证,调查双方正确的做法就是,承认听证调查的权威性和公正性,进而接受调查结论和处理措施。

需要指出的是,在听证程序的设定中,调查者和被调查者之间是平等的主体。不仅如此,调查双方在进入听证后的地位也是平等的。因而听证是调查双方在某种透明基础上的平等协商①。至少是给了被调查者平等地直面调查组的地位。而这种地位绝不同于调查过程中被调查者单独面对调查组专家询问时的弱势情势。同时,听证环节也有利于被调查者对调查事项进行正面和公开的回应,且该回应不再仅由调查组决定是否采信,而是由听证程序中的专家或专家系统裁定。

所以应对听证调查在学术调查中的地位给予适当的肯定,并及时开展相关试验以形成制度。这是学术监督工作中需要引起重视的一个非常重要的内容。

二、听证的必要性

工作实践中,并不是每一个案件调查中都需要引入听证程序。一来是时间成本太高,二来是防止专家系统被滥用。实际上,过多过滥地使用听证程序来决定案件的真伪,则会从另一个角度伤害调查组的权威性。只有那些可能具有潜在重大争议的案子才适用听证程序。

因此,为了使听证程序执行起来更有效率和更具权威性,一般而言,需要明确实施听证的两个基本条件:一是调查结论可能对被调查人产生重大不利影响,为慎重起见应引入该程序;二是被调查人主动提出采用听证程序以维护个人学术声誉。在这种情况下,经调查组的授权方同意,即可启动听证调查程序。

上述条件缺一不可。听证的方案、专家的聘请,需要得到参加听证的双方人员的确认。且被调查人有权对听证专家组成员进行排除,以避免利益冲突或

① 一般而言,听证会中的专家要由调查者和被调查者共同决定,以双方均无异议为确认听证专家的基本条件。

遭到打击等，最大限度维护自身利益。

笔者所在机构曾经设计过一例听证程序。开始的时候，是调查一方同意而被调查一方不同意举办听证会，后来则是相反。总之，由于调查双方始终不能同时同意召开听证会，该听证会也就没有如期举行。从中我们也可以窥得调查双方的主观态度对听证会效力的影响。究其原因，我们也可以归因于听证程序的非自主性，即前设条件较多。这在一定程度上也的确影响了听证会的效率。

三、听证的权威性

如前所述，一般情况下听证会应引入专家判断，尤其是在判断是否存在学术不端行为这样的专业问题时更是如此。因此，听证的权威性发源于程序正义，形成于专业判断。

如果运用得当，听证程序将极大减少后续争议或申诉行为，使调查双方提前就调查结果达成一致，最大限度地达成共识。间或引入多次专家复议或评议(Expert Review)，也会对调查结论的完善起到再监督的作用。听证程序也为后期得出最终结论积攒了相当厚实的基础，客观上也会降低后期处理措施执行的难度。

当然，听证程序如果安排在委员会决议之前，则需明确其仅为借助第三方意见的预审，还不是终审。委员会的决议在学术调查程序中具有最高的权威。如果听证程序安排在申诉阶段，则经由委员会授权，听证会的结果可以代表委员会的意见，成为案件的最终结论。

无论安排在哪个阶段，听证的权威性都是不容置疑的。当下国内的学术调查，应在具备条件的基础上，积极开展听证的尝试，以丰富并拓展学术监督的内容。

第六章　学术处理措施的执行

如前几章所述，判定一种学术不端行为或轻或重的权力在于学术委员会，但它并不是一个实体部门，具体执行处理措施的力量分散在不同的行政部门。例如涉及学位的，应在学位委员会；涉及职务职称的，应在人事管理部门；涉及版面费的，应在财务部门；涉及学术荣誉的，又在上一级科技管理部门。总之，对学术处理措施的执行，在当下语境中，需要各部门联合行动，无疑是一个技巧性很高的工作，考验学术监督部门的智慧。

处理好执行环节，不仅仅是一个涉及学术调查的效果问题，更是关系一个机构在学术诚信治理方面的能力问题。笔者看来，学术诚信的治理需要五个维度。这五个维度是：教育养成、实事求是、分工协同、宽严相济、公开透明。

其中，教育养成是开展治理的文化氛围，实事求是为学术调查的核心灵魂，分工协同是学术处理的制度基础，宽严相济是诚信治理的基调和手段，公开透明是学术诚信的治理方向。这五个维度是一个系统整体，关系诚信治理的成效。

学术处理措施的执行属于最后一个维度，即公开透明的范围。能否实现公开透明地执行学术处理措施，是关系学术监督权威能否树立的最后一个关键环节。在现实工作中，历经千辛万苦调查所得的成果，常常在收尾即处理措施执行环节被“大事化小、小事化了”，从而被轻描淡写地化解了。

在一例诚信案件中，某机构对学术委员会给出的“抄袭行为属实”的结论视而不见，仅仅定性为“与被抄袭论文完全相同或大部分相同”，借此回避严重不端行为的定性。试图以这种模糊语言的描述从而施以“宽宏大量”、象征性的处理，使当事人得到无原则的谅解。这实际上是放弃了学术处理措施的执行，向学术不端行为缴械投降了。

应当说，这种淡化处理的做法非常危险。不但不符合零容忍的监督要求，还会给当事人传递错误信号，更将陷前期调查人员于不义的境地。对于其他潜在的具有不端倾向的人而言，则是助长了他们今后实施学术不端行为的野心。

所以，学术处理措施的执行在整个学术监督的链条上同样具备非常重要的地位，绝不可掉以轻心。否则就会让学术调查成为“雷声大雨点小”的花架子，或者变成自说自话的假监督，不仅受人诟病、遭到抵制，还将最终损害学术监督的权威性。

第一节　轻微不端行为处理

哪些属于轻微的不端行为？依照《科研诚信案件调查处理规则(试行)》第2条之规定，其中第五、第六款所规定的科研不端行为，为轻微不端行为或较轻的科研不端行为[①]。

对轻微不端行为的处理，要注意及时、等效、公开地执行。

所谓及时，就是一旦学术委员会作出决定，即应由涉及的相关职能部门尽快执行，且这种执行不应仅仅停留在对上级报告的公文中，或存在于被处理人的业务档案中，而是应同时在机构的一定范围内(通常是调查的范围)宣布，以起到惩教结合的作用。

所谓等效，即视具体学术不端行为的影响范围，予以同等程度的回应。在舆情事件影响的范围内，依照舆情控制的要求进行必要的回应。而对于影响面很小的行为，则依实际情况控制好知晓的范围。例如，针对发生年代久远、相关事实已无法核实，但确有错误的轻微不端行为人予以函告提醒，就应谨慎控制知晓范围。在处理诚信回复时，则由发函部门认定被提醒人不存在科研失信行为或无不良记录。

---

① 在《科研诚信案件调查处理规则(试行)》第33条认定不端行为情节轻重时，兜底有一句“存在本规则第2条(一)(二)(三)(四)情形之一的，处理不应低于前款(二)规定的尺度”即表明，该规则事实上认定前四款描述的学术不端行为为“较重”(含)以上的行为，应给予较重及以上的处理。

所谓公开，应视具体情节予以实施[①]。对于那些具有典型性、普遍性、易错性的学术不端行为，应在本机构的较大范围内予以公开，以实现最大范围的警示效果。而对于特殊性、个性化的学术不端行为，则在机构适当范围内进行公开，以起到警示教育的作用。对于虽无科研失信行为，但存在学风不严谨的行为，则加强批评教育，提高其诚信意识。

总之，对轻微学术不端行为的处置，强调效率、兼顾公平，主要是为了迅速在研究人员中端正行为，纠正错误，形成教育，以维护机构的诚信，涵养良好学风。

第二节 严重(较重)不端行为处理

哪些属于严重的不端行为？依照《科研诚信案件调查处理规则(试行)》第2条、第33条、第35条之规定综合考虑，第2条第一至第四款所规定的科研不端行为，为严重不端行为或较重不端行为。

如何区分较重与严重呢？笔者认为，区分较重或严重有两个参考维度。其一是发生了涉及造假、篡改、剽窃、代写等科学共同体公认的学术不端行为。其二是发生上述行为时的数量多少。一般而言，被调查人发生上述不端行为的数

---

① 例如美国ORI网站上提供了相关指导手册，指出一般情况下，"公布案例信息的规则是针对那些确认违规的个人，且应限于那些需要知晓的范围"。原文为：Release of Case Information - The PHS regulation requires that disclosure of the identify of affected individuals, to the extent possible, be limited to those with a need to know. 42 C. F. R. § 93. 108. However, this does not create an absolute bar to disclosure and relates only to the regulatory "research misconduct" investigation and reporting requirements mandated by the PHS Act and Federal regulations. It would not preclude an institution from disclosing information regarding actions that it may have taken under the institution's internal procedures, if the disclosure of those actions is not otherwise prohibited. For example, if an institution determines that it needs to disclose some information related to actions taken under its internal standards, it may do so if it doesn't disclose the PHS component of the investigation. (Handling Misconduct - Inquiry & Investigation Issues. Handling Misconduct - Inquiry & Investigation Issues[EB/OL]. (2000-12-06)[2020-06-02]. https://ori.hhs.gov/ori-responses-issues.)

量较多，其最终判定为严重的概率较大。如果发生的数量较少，则最终被判定为较重不端行为的概率较大。

对较重或严重不端行为的处理，遵循准确、合规、稳妥的原则。所谓准确，指不端行为处理定性准确、事实与措施相适，该减轻、从轻、加重、从重的情节参考得当、宽严相济，各处理措施之间不产生冲突，不过轻或过重、不自相矛盾。

所谓合规，就是处理措施引用条款符合《科研诚信案件调查处理规则(试行)》的规定，手续完整，涉及其他治理主体的措施程序完备，按要求对较重以上处理进行通报批评，并上报至科研严重失信行为数据库，及时通知相关资助方、荣誉及学位授予单位，便于其做出相应处理。

所谓稳妥，即涉及严重不端行为，特别是解聘处理、永久取消相关资格等，需要相关执行部门做好工作预案，防止出现意外情形。在处理解聘程序时要遵循相关法律法规和事业单位的相关规定，或者借鉴企业人力资源部门的成熟做法①，避免因此发生劳动纠纷。

总之，对严重(较重)学术不端行为的处置，强调公正、兼顾效率，主要是力求在研究人员心中产生震动，形成长久影响，以展示机构的诚信治理决心，纠正不良学风倾向。

综上，对学术不端行为处理措施的执行，关系诚信治理的成效，不可马虎。国际同行也对执行进行了有益的探索，以 ORI 为例，其十分注重对不端案例处理的公开和透明，一般在网络上或联邦公告上对处理情况进行公布，以展示监督成效，起到典型警示作用。

如表 6.1 所示，展示了 2018 年 ORI 网站上公布的已查结部分案例，对本节关于不端行为轻重、数量影响最终处理措施结果的关系进行了佐证。

表 6.1　不端行为性质和数量对最终处理的影响

项　目	案例一	案例二	案例三	案例四	案例五
对象	MDACC 面试官	ISMMS 教授	WSN 前助理教授	前博士研究生	UConn 教授
对不端行为的态度	本人承认	本人承认、懊悔	未载明	未载明	本人承认、懊悔、主动担责

① 手段包括“劝退、协商解除劳动合同、到期终止”等。(战飞扬. 公司合规：创始人避免败局的法商之道[M]. 北京：人民日报出版社，2019：193.)

续表

项　目	案例一	案例二	案例三	案例四	案例五
调查方式	问询	问询，正式调查	ORI 控告	正式调查	未载明
是否复议	ORI 复议	ORI 复议		ORI 复议	未载明
是否听证	无	无	听证	无	无
是否裁决	无	无	行政法官裁决	无	无
不端行为	数据造假或篡改	数据篡改	撤稿	数据造假或篡改	篡改数据
涉案内容	2 篇已发表论文；2 份已提交的专利进展报告	1 篇论文	3 项专利申请中 23 例错误；2 篇论文、2 篇海报误列一作	博士论文；1 篇展示海报；1 项专利中 19 个指标、10 个表格；2 项专利；1 篇 PNAS 论文的 10 个指标和 2 个表格	6 项专利申请无一获得资助信息（误标）；其中 3 项在评议前撤回
处理措施	研究数据、过程、方法和结果接受监管；不得担任 PHS 或为 PHS 服务的各类机构的咨询专家；撤稿	参与项目、研究计划接受监管；研究数据、过程、方法和结果接受监管；不得担任 PHS 或为 PHS 服务的各类机构的咨询专家；修正论文指标	不得承担政府资助的所有科研合同及子合同；禁止担任 PHS 或为 PHS 服务的各类机构的咨询专家	自愿排除承担政府资助的所有科研合同及子合同；不得担任 PHS 或为 PHS 服务的各类机构的咨询专家	研究数据、过程、方法和结果接受监管；不得担任 PHS 或为 PHS 服务的各类机构的咨询专家
处理时间	3 年	1 年	5 年	3 年	1 年
注	自愿和解协议	自愿和解协议	行政禁止令	自愿排除协议	自愿和解协议

注：数据来源：https://ori.hhs.gov/index.php。

当然，是否被判定为较重和严重情形，还要依据实际调查中对事实的确认情况、机构对学术诚信的维护力度及对《科研诚信案件调查处理规则（试行）》本身的有效运用等因素综合确定。对于较重或严重不端行为处理措施的执行，要严格对应规则，更要争取做到恰到好处，“增一分则长，减一分则短”，不能有太多弹性。

例如在执行规则中，应对第 49 条关于减轻、从轻、加重、从重等进行严格约束，避免出现“量刑”不准、处罚不公的情况。否则就会出现大量不端行为从“严重”越过“较重”而直接判为较轻不端行为的情形发生。这样的案例在当下的治理实践中比比皆是。

又例如，根据《科研诚信案件调查处理规则（试行）》第 39 条的特殊约定，在执行过程中还会出现减轻的情形。即被调查人主动、公开承诺，则可以在原有判定措施基础上减轻处理。这也为严重和较重之间的转换提供了合规的途径，需要机构在跟踪执行的过程中予以特别注意。

此外，如果执行规则中明确规定应采取降低职称、职务等级的处理措施，则应该从上一级岗位（职称）调整到下一级或更下一级的岗位（职称），而不能仅在同一级岗位（职称）的不同层级间进行转换调整（如从副研究员一级降为二级或三级）。这种操作，明为降级处理，实则平级调动，变相使较重的处理成为一种较轻的处理。

也有一种操作手段，是做出一定期限内不得晋升的处理，但如果被处理人员已经获得了职称序列的最高级别，则采取这种方式实际上并无警示意义，只是做做样子。

另外，如果规则中明确规定要将学术不端行为的处理情况上报给上一级学术监督部门，则实施处理的机构就不能有所遗漏，故意隐瞒有关处理事项和被处理人，更不能对相关基金、项目资助方进行隐瞒。在实际工作中，机构常常被发现仅报送受到举报的人，而不报送其他未受举报的人员情况，甚至在同一件案件中也做如此操作。这种操作违反了对上的透明性，是一种错误的诚信治理思路。

第三节　有期限的处理措施期满后的信用修复

本节讨论的是有期限的执行措施结束后的信用修复(Restore Credit)，既非指那些被处于无限期惩治措施的人的信用修复，也非指那些进入联合惩戒(Joint Punishment)备忘录的人的信用修复。对于前者，其本人应无法继续在学术领域开展学术研究，但不排除其跳出学术领域而进入其他领域并继续开展相关工作的可能。对于后者，相关联合惩戒系统有明确的规定，执行期结束即从信息系统库中移除，即进行所谓的信用修复。

因此，本节讲述的信用修复，是指那些在机构中执行的、有一定处理期限的涉事人员的信用修复问题。这个问题相对于诚信治理体系中的其他环节的问题，具有同等重要的地位。

而关于信用修复，在现实中经常为各级诚信治理者所忽视。这里面又包括两种情况，一种是机构在执行期结束前主动修复，通常表现为过于积极地消除影响。例如在2017年“107篇论文撤稿事件”中，许多机构的处理决定在网上公布后，随即消失，遍寻不见。这给研究者的研究工作带来难度。

另外一种就是机构在执行期结束后迟迟未予修复，通常表现为无故忘却而致使涉事人员的其他合法合规权益受到损害。例如机构未能及时撤去在网络上发布的相关处理信息，继续在不同场合不加处理地讲述相关案例，等等。对于这种情况，正确的做法是由机构的诚信专员制作信用修复的人员、措施清单，逐项提醒相关执行部门予以修复。

在信用修复方面，美国ORI的相关处理方式值得我们学习，其网站上公布的学术不端案例，在执行期结束后即行撤除，并会通知当事人所在机构撤除相关信息。当然，由于资料所限，被执行人在所在机构是否也立即恢复了当事人的相应权利，我们无从得知。

应该说，过于积极或无故忘却对于涉事人员的信用修复工作都是错误的示范。过早有失公允，过晚则又矫枉过正。两种情况对于主体责任单位培育学术诚信环境都起到了负面的导向作用，不利于涵养良好的学风。

究其原因，加强诚信治理目的在于惩戒学术不端行为，树立正确学风导向。处理只是其中的一个环节，应允许大部分失信人员改过自新，在惩戒期解除后给予信用修复。而对于信用修复，《科研诚信案件调查处理规则（试行）》已有明确的条款规定（第38条），机构不应在这个问题上避而不谈，否则会对当事人造成新的伤害。

正确的做法应该是对有关不端行为人员进行恰如其分的处理、恰当范围的通报、恰当时间的修复。能够做到这些其实并不容易，既需要遵循规则、用足政策，也需要依托各机构诚信治理能力（Governance Capability on Integrity）的持续提升。

学术监督部门也应及时制定完善相关制度，并采取合规措施对诚信信息库中已恢复信用的当事人信息进行定期删除，以制度化、规范化其工作机制，探索信用修复的多种途径。这些都做到了，我们才能自信地说，学术监督的权威真正建立起来了。

附录　本书概念体系及中英文名称对照

（＝表示前后概念等效，不加特别区分）

范式（Paradigm）＝学术监督范式（Paradigm of Academic Supervision）

学术诚信＝科研诚信（Research Integrity）

学术不端＝科研不端＝学术失信（Research Misconduct）

学术不端概念（Conceptions on Research Misconduct）

学术调查＝诚信调查（Investigation on Research Integrity）

工作人员（Staff）＝科研诚信专员（Specialist on Research Integrity，RIO）

专家调查组（Team of Specialist on Investigation）

专家调查组长（Principal Investigator）

调查人员（Investigator）

调查方案（Programme of Investigation）

行政调查（Administrative Investigation）

学术评议（Academic Evaluation）

简易程序（Simple Procedure）＝问询（Inquiry）＝非正式调查（Informal Investigation）

正式调查程序（Formal Investigation）

证据（Evidence）

强证据（Strong Evidence）＝核心证据（Core Evidence）

弱证据（Weak Evidence）

优势证据（Preponderance Evidence）

时间证据（Time Evidence）

对质(Cross-Examination)

专家复议(Expert Review)=复议专家(Reviewer)

补充调查(Supplementary Investigation)

重新调查(Reinvestigation)

听证调查(Hearing Investigation)=听证会(Hearing)

联合调查(United Investigation = Co-investigation)

联合惩戒(Joint Punishment)

申诉(Appeal)=申辩(State and Defend)

澄清(Clarify)=信用修复(Restore Credit)

平衡性(Balance)

透明性(Transparency)

学术调查方法(Method on Academic Investigation)

诚信治理能力(Governance Capability on Integrity)

后　　记

一、本书未解决的几个问题

本书起源于一次学术讨论，得益于朋友们的厚爱有加，初成于2020年新冠肺炎疫情期间。匆匆拟就，自然不免挂一漏万。

平心而论，本书还有几个重要的问题没有提及，有待今后继续收集相关资料，开展这方面的研究。这些问题包括：

（1）学术调查和其他调查，如司法调查、纪律调查、监察调查、行政调查的关系。虽在开篇有所论及，但终究没有讲透。对学术调查的权力来源没有讲清楚。如果不弄清楚这一点，就无法明确学术监督的合法性。换言之，学术规范、规则的强制性和违反后的处罚措施之间，还需要更多的论证进行衔接。

（2）学术调查的经费问题。在实际工作中，启动一次中等规模的学术调查大约需要十万元的经费，这还不包括第三方重复实验的经费。因此，诚信专员们在申报下一年度的经费中，应做好充分的打算。只会空喊口号、泛泛而谈的学术调查工作是没有成效的。

（3）学术诚信治理的途径问题。学术调查毕竟是诚信治理中的一个环节而不是全貌。如果仅凭学术调查就能遏止大规模的学术不端行为，那肯定是一种不切实际的幻想。诚信治理要一盘棋，将教育、调查、警示、惩戒等作为一体，通盘考虑，方能涵养诚信的氛围。

（4）学术调查的专业化问题。笔者虽极力主张学术调查应成为一门专业，但还应有更多的同仁对它开展研究方能有所推进。例如研究它和管理学、心理学、组织行为学等的关系等。在调查过程中似乎也涉及各方利益的博弈、行政权力和学术权威的互动等。

（5）学术调查的执行标准。要想拥有统一的规则、相对一致的处理，则对调查工作的执行应提出较为统一的标准。否则就会像2017年以前那样，大家表面上声称“零容忍”，实际上我行我素，各行其是，这必然会大大影响学术监督的权威性。

(6) 未论及利益冲突。在很多学术调查中，都会或多或少地涉及利益冲突问题。例如在一些领域或学科，权威人士就那么几个，大家抬头不见低头见，若想得出言之凿凿的确定结论，会有一定难度。还有就是头衔的原因，如果没有一定分量的院士、专家在场牵头坐镇，调查专家们就显得信心不足。完全避免这些情形，目前在国内的学术界还是有难度的。作为调查的组织方，唯有全力遵照调查程序，方有降低冲突风险的可能。

(7) 学者们的论述与管理者们的实际操作之间存在较大差异的问题。学术调查工作者既要看到“零容忍、无禁区、全覆盖”的治理理想，也要知晓“水至清则无鱼”的治理现实。在具体实践中，差异化的处理手段常常大行其道。在一些案例中，被处理者潜在的、不可预料的异常行为，也会对学术处理结果造成影响。

这些大多是与学术调查过程相关的问题，有的是显性的、表露的、风险较小的问题，有的则是隐性的、潜在的、风险较大的问题，处理不好就会影响调查的客观性和公正性。因此，上述这些问题应引起注意，并期待各界同仁能勠力同心，一起对此开展研究。

当然，也许还有其他一些未能被笔者发现但也许非常重要的问题。笔者在此也恳请各位同仁不吝赐教。

二、处于舆论监督风暴中的学术不端处理

无论是2017年的“107篇论文撤稿事件”，还是2018年的“基因编辑婴儿事件”，抑或是2019年的“网传举报人”事件，网络的舆论对学术界正视学术不端或不规范行为形成了强大的压力。处在这种压力风暴中的调查者和被调查者，均承受了较现实生活中更为严苛的指责。

作为一级学术监督机构，在这样的舆论风暴中，如果不能正本清源，牢牢守住学术调查的初心，开展实事求是的学术调查并给出“公开、透明和负责任”的学术结论，就极有可能不堪重负、随波逐流，被这种舆论的风暴裹挟而导致无可挽回的错误局面。

在国内，所有监督工作都面临着行政等力量的不同程度的干预。无论调查过程还是调查结论，都可能与实际情况存在较大差距。在这种情况下，追求学术治理现代化的学术调查也不可能独善其身。在几乎每一次学术调查中，调查人员都可能面临有关部门的各种大大小小的指导、指示、催办，这种情况屡见不鲜。

在一例举报中,调查人员明明看到调查报告附件中举报者本人指出,他并不认为这件事局限在学术诚信的范围,而更主要是涉及有关机构负责人利用职权侵占下属学术成果,是属于违反党纪的行为。但有关机构却视而不见,反复要求学术监督机构进行处理。

面对学术监督机构的答复,举报人多次反诘道:"我去医院看病,明明挂了外科,为什么是口腔科的医生出来给我看病?"听到这种无奈的比喻时,调查人员竟无言以对。然而最终还是由学术监督机构给予答复,并提醒举报人明确举报方向(对象)以便由相关监督机构处理。

在另一例学术调查中,上一级执纪监督机构不仅"规定"了调查的方向,还给出了十分具体的调查内容。接到这种规定好的指令后,调查组做了认真的分析,认为指令内容较举报事项有较大的差距,遂补充了另一个调查的方向并行调查。在执行过程中,上述执纪监督机构不仅多次打电话催要结果(原方向),还亲自坐镇调查组集体讨论会并给出指导(压力)。好在调查组的专家顶住了压力,坚持了实事求是的原则和以证据说话的底线,最终以符合客观实际的事实认定和结论提交了调查报告。

上述两个事例正好可模拟舆论风暴中学术调查的某种压力测试。一方面,学术调查有其自身的专业范围。在这个专业范围内,应该由学术监督机构按照既有规则进行调查和判断。若超出其专业范围,则交由其他监督机构进行处置。在临界状态下,则由首先受理的部门进行处理。另一方面,舆论处置的原则要求很快给出结论,这给学术调查造成困扰。在《科研诚信案件调查处理规则(试行)》中,规则制定者从善如流,将调查期限调整为 6 个月。在特殊情况下的联合调查工作中,则根据统一部署的节奏推动调查进程。按照统一的规则办事,是今后国内学术调查必须遵循的原则。

因此,在汹涌的舆情压力下,学术调查机构更应该坚守专业、查清事实、给出准确的学术结论,而不应该放弃专业、不顾事实、随意扩大调查和加重惩处措施。只有真正做到了秉持专业性,我们才能放心地说,学术监督的权威能够建立起来。做不到这一点,就有可能迫于舆论或上级压力给出"轻罪重罚"的结论,那就是另一种"冤假错案"的缺憾了。

鉴于此,在学术调查工作中,请各位牢记先贤孔子所言:"以德报德,以直报怨",并时刻将其作为行动的指南!

三、关于本书得以出版的致谢

首先感谢中国知网 CEO 张宏伟先生的大力支持,使笔者得以完成本书的撰写和出版。同时感谢中国知网孙雄勇博士和杨鑫利的协助,使本书的出版工作得以尽快落实。

其次感谢文献提供方的帮助,使笔者获得了必要的文献和资料。在整理并参考文献的过程中,主要使用了必应搜索(国际版)(https://cn.bing.com/?scope=web&FORM=EDNTHT),来获取英文文献和大多数国际机构的有关规定及部分案例。在中文文献获取方面,主要通过中国知网获取了本书所需的绝大多数文献查询。同时,笔者也参考了百度搜索和百科的内容。

在具体论述中,参考了国际同行的许多经验和做法,特别是英、美、法、德等发达国家的有关规定。在概念部分借鉴了国内相关法规如《民事诉讼法》《刑事诉讼法》《行政诉讼法》《知识产权法》《著作权法》和行政规范性文件如《科研诚信案件调查处理规则(试行)》《高等学校预防与处理学术不端行为办法》,以及行业标准如《学术出版规范　期刊学术不端行为界定》(CY/T174—2019)和部分机构的制度如《对科学基金资助工作中不端行为的处理办法(试行)》等。案例部分选取了近年来引发舆论的多个案例并进行了必要的改写,以契合论述的需要。

在讨论交流中,感谢科研诚信与负责任创新专业研究会的多位发起人和科研诚信建设微信群里的诸位专家,他们对具体案例发现和诚信规则解释及应用的讨论,对笔者有很多很好的启发。因为人数众多,此处就不一一列名了。

感谢笔者所在机构提倡的专业主义的研究氛围和提供的便利工作条件。

感谢各位读者的耐心和慷慨,本书一定有个别论述不准确、不完善的地方,欢迎提出真知灼见和批评意见,以便笔者能不断完善书中的相关内容。

侯兴宇

2020年夏